数学建模的应用

——以燃气工程技术为例

Application of the Mathematical Modeling

A Case Study of the Gas Engineering

沈 威　蒋 鹏 著

华东理工大学出版社
EAST CHINA UNIVERSITY OF SCIENCE AND TECHNOLOGY PRESS

·上海·

图书在版编目(CIP)数据

数学建模的应用：以燃气工程技术为例 / 沈威，蒋鹏著. —上海：华东理工大学出版社，2023.11
ISBN 978 - 7 - 5628 - 7303 - 7

Ⅰ.①数… Ⅱ.①沈… ②蒋… Ⅲ.①城市燃气—市政工程—工程技术—系统建模 Ⅳ.①TU996

中国国家版本馆 CIP 数据核字(2023)第 197537 号

内 容 提 要

作者沈威博士根据多年的燃气行业工作经验，着眼于解决燃气行业的痛点和难点，以贴合实际的燃气应用为目标，编写了本书。本书内容不同于传统的关于燃气输配工程模型的介绍，力求以浅显易懂的语言向读者展示数学建模的魅力，同时摒弃了传统图书一贯以来以公式为主的枯燥性，凸显出数学在燃气领域应用的趣味性。

本书所选案例具有代表性，注重从不同侧面反映数学思维在燃气行业中的实际应用，既注重算法的通俗性，也注重算法应用的可实现性，克服了许多读者能看懂算法却解决不了实际问题的尴尬局面。

本书中大部分例题配有 MATLAB 源程序，程序设计简单精练、思路清晰、注释详细，灵活应用 MATLAB 工具箱有利于没有编程基础的读者快速入门，当然 MATLAB 是非常容易入门的一种计算机语言。

本书既可以作为燃气、暖通等专业的数学建模的教材和辅导书，也可以作为对数学建模感兴趣的科技工作者的参考书。

项目统筹 / 马夫娇　宋佳茗
责任编辑 / 陈婉毓
责任校对 / 石　曼
装帧设计 / 居慧娜
出版发行 / 华东理工大学出版社有限公司
　　　　　 地址：上海市梅陇路 130 号,200237
　　　　　 电话：021 - 64250306
　　　　　 网址：www.ecustpress.cn
　　　　　 邮箱：zongbianban@ecustpress.cn
印　　刷 / 上海新华印刷有限公司
开　　本 / 710 mm×1000 mm　1/16
印　　张 / 14.25
字　　数 / 232 千字
版　　次 / 2023 年 11 月第 1 版
印　　次 / 2023 年 11 月第 1 次
定　　价 / 80.00 元

序

　　近半个世纪以来,数学的形象有了很大的变化。数学已不再单纯是数学家以及少数物理学家、天文学家等人手中的神秘武器,它被越来越深入地应用到各行各业之中,几乎在人类社会生活的每个角落都展示出无穷威力。这一点在生物、建筑、工程、金融、经济、军事等数学应用的非传统领域表现得尤为明显。

　　与这种发展相比,目前我国高等教育中如何运用数学工具来解决实际问题这一方面就显得过于薄弱,同时缺少合适的教材,以致不少数学工作者缺乏从实际问题中提炼数学模型的能力。另外,各行各业中的不少实际工作者也缺乏运用数学工具来建立模型、处理问题的能力,这与我国高等教育发展的要求极不相适应。

　　这是一本应用数学模型来解决燃气工程技术问题的书,从燃气行业的各种实际问题出发,提炼了一系列数学模型,并给出了求解方法。从应用范围的角度,其包括燃气、供热、环境、装备等社会生活燃气领域的不同课题;从方法论的角度,其启发性很强,能够从纷繁复杂的数据中提炼出适合数学建模的物理量,并能处理好共性和个性的关系;从数学内容的角度,其难度适中,有普通理工科院校数学基础的学生和实际工作者都能看懂。作者希望这本书有利于培养建筑工程中燃气专业学生建立数学模型的能力,有利于促进燃气行业教学者与实际工作者的相互理解和沟通,有利于推动数学在我国现代化建设各个领域中的应用。

　　目前,随着我国能源发展进入增量替代和存量替代并存的发展阶段,在

"双碳"目标政策驱动下,天然气作为清洁低碳的化石能源,不仅承担着国家能源结构转型期间保障能源安全的使命,还是未来新型电力系统规划中重要的基础和保证。推动能源绿色低碳转型,在工业、建筑、交通、电力等多领域有序扩大天然气利用规模,是我国稳步推进能源消费革命,助力碳达峰、碳中和,构建清洁低碳、安全高效能源体系的重要的实现途径之一,天然气将成为我国现代清洁能源体系的主体能源之一。从目前来看,燃气行业仍可能有近三十年的发展空间,这本书的 2.1 节即回答了天然气在我国消费量增长趋势的时间线,从而体现了燃气行业在我国方兴未艾的发展趋势。

由于燃气工程属于建筑工程的一个分支,其涵盖面较窄且专业性极强,因而至今鲜有数学建模应用于燃气领域。因此,将数学建模和燃气工程技术结合并在燃气领域应用是利用数学模型的一次大胆尝试。这本书介绍了当今主流的数学建模技术,涵盖常微分方程模型、偏微分方程模型、积分方程模型、数学规划模型、曲线拟合模型、统计回归模型、概率模型、量纲分析模型及预测模型专题。可以说,数学建模竞赛中最为热门的、出现率最高的,也最能锻炼学生抽象思维能力的建模方法在该书中均有介绍。

沈威博士的这本书是一次很有益的尝试,希望该书的出版能够起到启发诱导的作用,促使这方面有更多不同风格的著作出现,达到"百花齐放、百家争鸣"的效果。

中国科学院院士
华东理工大学教授
2023 年 7 月

目录

第3章 偏微分方程模型   063

第4章 积分方程模型   077

第 10 章　预测模型专题　148

第 1 章　绪　论

　　数学是科学的重要基础,也是现代化科学与工程技术的核心所在。尽管数学研究一直在更新发展,却并不会主动拥抱燃气行业的科学技术,但燃气行业想要取得长足进步,就必须依赖于数学来发展。数学既能够促进国家发展,又能够切实实现在生产实践中得到广泛应用。数学模型是数学抽象的产物,是针对或参照现实世界中某种事物系统的主要特征或数量相依关系,经过简化与抽象,采用形式化的数学语言,概括地或近似地表述出来的一种数学关系结构[1-3]。

　　在资源、能源、环境、质量等相关要素的影响下,燃气行业在快速发展的同时,也在逐渐深化创新改革。想要实现可持续发展目标,既要充分了解数学建模原理知识,又要学会数学建模技术在燃气行业的广泛应用。

1.1　数学模型的建立过程

　　运用数学模型方法的基本模式如图 1-1 所示。构建数学模型一般要经过三个步骤:(1)根据实际问题的特点,通过合理、科学的假设排除次要因素,运用数学语言把所研究的实际问题抽象成一个数学问题,建立合适的数学模型,一般表现为数理逻辑的逻辑表达式、各种数学方程(如代数方程、微分方程、积分方程等)以及反映量与量之间相互关系的图形、表格等形式;(2)分析数学模型,利用数学工具处理数学模型,包括解方程、图解、逻辑推理、定理证明、稳定性讨论等,利用计算机求出数学问题的解;(3)将所求得的数学问题的解"翻译"回到实际问题中,用实际现象和数据检验数学模型的合理性和适用性,形成对实际问题的解释或预见。

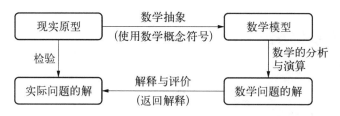

图 1 - 1　构建数学模型的基本模式

　　数学模型的建立遵循三个原则[4,5]：（1）可分析或可推导原则，即通过数学模型对所研究的实际问题进行分析和逻辑推导，得到确定的结果；（2）简化原则，即抓住实际问题的本质，将现实世界中多因素、多变量、多层次的问题化繁为简，抽象出简洁的数学模型；（3）反映性原则，即数学模型是对现实问题的一种反映形式，与现实原型在表述的关系上有一定的相似性。

1.2　数学模型的特点

　　1. 模型的逼真性和可行性

　　一般来说，人们总是希望模型尽可能接近研究对象。但是，一方面，一个非常逼真的模型在数学上常常是难以处理的，因而不容易达到通过建模对现实对象进行分析、预报、决策或者控制的目的，即实用上不可行；另一方面，越逼真的模型常常越复杂，即使数学上能处理，这样的模型在应用时所需要的“费用”也相当高，而高“费用”不一定与利用复杂模型所取得的“效益”相匹配。因此，建模时往往需要在模型的逼真性与可行性、“费用”与“效益”之间做出折中或抉择。

　　2. 模型的渐进性

　　对稍微复杂的实际问题的建模通常不可能一次成功，要经过建模过程的反复迭代，既包括由简到繁，也包括删繁就简，以获得越来越令人满意的模型。在科学发展的过程中，随着人们认知水平和实践能力的提高，各门学科中的数学模型都存在着一个不断完善或者推陈出新的过程。从 19 世纪力学、热学、电学等许多学科由牛顿力学模型主宰，到 20 世纪爱因斯坦相对论模型建立，这是模型渐进性的明显例证。

　　3. 模型的强健性

　　模型的结构和参数常常是由模型假设及研究对象的信息（如观测数据）确

<<<< --

定的,而假设不可能太准确,观测数据也是允许有误差的。一个好的模型应该具有有下述意义的强健性:当模型假设改变时,可以导出模型结构的相应变化;当观测数据有微小变化时,模型参数也只有相应的微小变化。

4. 模型的可转移性

模型是现实对象抽象化、理想化的产物,它不为研究对象的所属领域独有,可以转移到其他的领域。例如,在生态、经济、社会等领域建模就常常借用物理领域的模型。模型的这种性质显示出它应用的可转移性。

5. 模型的非预制性

虽然已经发展许多应用广泛的模型,但是实际问题是各种各样的、千变万化的,不可能要求把各种模型做成预制品来供人们在建模时使用。模型的这种非预制性使建模本身常常是事先没有答案的问题(Open-end Problem),建立新的模型的过程中甚至会伴随新的数学方法或数学概念的产生。

6. 模型的条理性

从建模的角度考虑问题可以促使人们对现实对象的分析更全面、更深入、更具条理性,这样即使所建立的模型由于种种原因尚未达到实用的程度,对实际问题的研究也是有利的。

7. 模型的技艺性

建模方法与其他一些数学问题的解法(如方程解法、规划问题解法等)在本质上有所不同,无法归纳出若干条普遍适用的建模准则。建模是技艺性很强的技巧,经验、想象力、洞察力、判断力以及直觉、灵感等在建模过程中起到的作用往往比一些具体的数学知识更大。

8. 模型的局限性

模型的局限性有以下几方面的含义。(1)由数学模型得到的结论虽然具有通用性和精确性,但是因为模型是现实对象抽象化、理想化的产物,所以一旦将模型的结论应用于实际问题,就回到了现实世界,那些被忽视、简化的因素必须考虑,于是结论的通用性和精确性只是相对的和近似的。(2)受人们认识能力和科学技术(包括数学本身)发展水平的限制,还有不少实际问题很难找到有实用价值的数学模型。对于一些内部机理复杂、影响因素众多、测量手段不够完善、技艺性较强的生产过程,如生铁冶炼过程,常常需要专家系统开发与数学模型建立相结合,才能获得较满意的应用效果。专家系统是一种计算机软件系统,它总结专家的知识和经验,模拟人类的逻辑思维过程,建立若干规则和推理途径,主要用于定性地分析各种实际现象并做出判断。专家系统可以看成是计算机模拟的新发展。(3)一些领域的问题目前尚未发展到用建模方法寻求数量规律的阶段,如中医诊断过程,现在所谓的计算机辅助诊断仍属于总结著名中医的丰富临床经验的专家系统。

1.3　数学模型的分类

数学模型可以按照不同的方式进行分类,下面介绍常用的几种分类方式。

1. 按照模型的应用领域(或所属学科)

有人口模型、交通模型、环境模型、生态模型、城镇规划模型、水资源模型、再生资源利用模型、污染模型等。范畴更大一些的,则形成许多边缘学科,如生物数学、医学数学、地质数学、数量经济学、数学社会学等。

2. 按照建立模型的数学方法(或所属数学分支)

有初等模型、几何模型、微分方程模型、统计回归模型、数学规划模型等。

3. 按照模型的表现特性

(1)确定性模型和随机性模型:取决于是否考虑随机因素的影响。近年来,随着数学的发展,又有所谓的突变性模型和模糊性模型。

(2)静态模型和动态模型:取决于是否考虑时间因素引起的变化。

(3)线性模型和非线性模型:取决于模型的基本关系,如微分方程是不是线性的。

(4)离散模型和连续模型:取决于模型中的变量(主要是时间变量)是离散的还是连续的。

虽然从本质上讲大多数实际问题是随机性的、动态的、非线性的,但是由于确定性的、静态的、线性的模型容易处理,并且往往可以作为初步的近似来解决问题,因而建模时常先考虑确定性的、静态的、线性的模型。连续模型便于利用微积分方法进行求解、析解,做理论分析,而离散模型便于在计算机上做数值计算,因此选用哪种模型要视具体问题而定。在具体的建模过程中,将连续模型离散化或者将离散变量视作连续的,也是常采用的方法。

4. 按照建立模型的目的

有描述模型、预报模型、优化模型、决策模型、控制模型等。

5. 按照对模型结构的了解程度

有白箱模型、灰箱模型、黑箱模型。这是把研究对象比喻成一只箱子里的机关,要通过建模来揭示它的奥妙。白箱主要是指用力学、热学、电学等一些机理相当清楚的学科所描述的现象及相应的工程技术问题,这方面的模型大多已经基本确定,还需深入研究的主要是优化设计和控制等问题。灰箱主要是指在生态、气象、经济、交通等领域机理尚不明确的现象,在建立和改善模型方面不同程度地都还有许多工作要做。至于黑箱,则主要是指在生命科学和社会科学等领域一些机理(在数量关系方面)不清楚的现象。有些工程技术问题虽然主要基于物理、化学原理,但由于因素众多、关系复杂和观测困难等原因,常作为灰箱或黑箱进行模型处理。当然,白箱、灰箱、黑箱之间并没有明显的界限,而且随着科学技术的发展,箱子的"颜色"必然是逐渐由暗变亮的。

参考文献

[1] 俞宏毓,兰冲. 数学模型方法例谈[J]. 高等函授学报(自然科学版),2005,18(4): 30 - 32,34.

[2] 曹西林. 数学建模快捷地设计化工过程的方法[J]. 粘接,2019,40(8): 155 - 157.

[3] 唐宝庆,李显方. 关于数学模型及其方法的初探[J]. 广西大学学报(哲学社会科学版),2000(S1): 175 - 177,219.

[4] 陈永胜. 论数学模型方法[J]. 吉林师范大学学报(自然科学版),2003,24(3): 112 - 113.

[5] 许智光. 谈数学模型方法[J]. 赤峰学院学报(自然科学版),2005,21(6): 2 - 3.

第 2 章　常微分方程模型

　　常微分方程模型在众多领域扮演着十分重要的角色,如物理学、生物科学、工程学、经济管理学、社会科学和许多其他领域。这些领域存在着许多随时间变化的复杂系统和非线性现象,如价格波动、化学过程中的温度变化、天气变化、人口增长等,而采用常微分方程模型建模是对这些复杂系统和非线性现象建模的重要方式之一。在生活中,数学无处不在,数学是其他自然科学的基础和工具,我们要在相应的问题中让建立数学模型的思想也无处不在。建立数学模型的思想可以把复杂的问题简单化,利用常微分方程模型可以更便捷地解决实际生活中的一些问题。例如,法医可以利用尸体的温度和周围环境的温度来建立常微分方程模型,从而大致推断出死者的死亡时间。再如,我们可以利用常微分方程模型计算出物体冷却过程中的温度随时间变化的规律。

　　常微分方程模型在力学、天文学、物理学及其他科学技术中也发挥着极其重要的作用,例如物体自由下落、汽车刹车、物质衰变等问题。而对于我们来说,关键的是要学会建立该模型,并灵活地运用该模型。例如,若一阶微分方程 $F(x,y)=0$ 可写为 $f(x)\mathrm{d}x=g(y)\mathrm{d}y$,则称其为可分离变量方程。可分离变量方程的名称中隐含其求解方法:首先,对方程进行变量分离,即将两个变量 x 和 y 分别归拢到等式两侧,得到

$$f(x)\mathrm{d}x=g(y)\mathrm{d}y \tag{2-1}$$

其次,对式(2-1)等号两侧同时积分,得到

$$\int f(x)\mathrm{d}x=\int g(y)\mathrm{d}y \tag{2-2}$$

若等号两侧的积分都存在,则式(2-2)有隐式通解 $F(x)=G(y)+C$,其中 C

是积分常数。

本章利用常微分方程模型来解决燃气行业中的天然气消费量增长预测、煤气中毒与急救、燃气热水器热水"零等待"、燃气热水器氮氧化物排放计算与分级燃烧优化、地铁运行杂散电流分布等问题。

2.1　天然气消费量增长预测

随着我国经济的增长及政府治理环境污染力度的加大,我国正在以越来越快的速度推广天然气的使用范围,天然气的需求总量从 2006 年的不到 600 亿立方米激增到 2021 年的 3 726 亿立方米,增长了 5 倍多(表 2-1)。2003—2013 年是天然气行业发展的"黄金十年",天然气需求年复合增长率达到 17%,即使在 2009 年金融危机当年,天然气需求仍实现了 10% 的增长。高增长率主要来自国内城镇化建设的推进及持续高位的房地产投资的拉动,十年来城镇居民用气量累计增长近 5 倍,用于城市用电调峰的天然气发电项目用电量累计增长 21 倍;与此同时,基于低价化工用气的气头企业也拉动制造业天然气需求累计增长 3 倍[1]。2014 年以后,由于天然气价格改革,天然气价格出现连续上调现象,叠加之后经济增长放缓,下游工商业用气需求增长率明显回落,主要燃气运营商销气量增长率降至 2015 年的 12% 以下。虽在 2015 年年末将天然气价格一次性下调了 0.7 元/m^3,但是其需求增长率恢复并不明显[2]。2016 年 9 月,国家发展和改革委员会为加快油气体制改革进度,出台了一系列规范、监管中游管网价格文件,"放开两头管中间",进一步降低终端用气价格;同时,京津冀地区、长三角地区、珠三角地区环保要求趋严,禁煤区及限煤区大规模补贴"煤改气"项目,天然气需求增长率自 2017 年 2 月开始明显回升。2016—2019 年,城镇化、煤改气带来居民用气需求、天然气发电需求快速增长,制造业天然气需求随着工业回暖,天然气需求增长率出现温和复苏迹象,其需求年复合增长率在 14% 左右。2020 年,受新冠肺炎疫情的影响,天然气需求增长率略有下降,但在 2021 年出现了强劲反弹。2022 年,受新冠肺炎疫情的影响及全球经济低迷的拖累,天然气需求增长率出现 1.6% 的微微下跌。

表 2 - 1 2000—2022 年我国天然气消费量和增长率表

年份	表观消费量/亿立方米	比上年增长的百分比/%	年复合增长率/%	连续时间/年
2000	245.03			0
2001	274.3	11.95		1
2002	291.84	6.39		2
2003	339.08	16.19		3
2004	396.72	17.00		4
2005	467.63	17.87		5
2006	561.41	20.05		6
2007	705.23	25.62		7
2008	812.94	15.27		8
2009	895.2	10.12		9
2010	1 069.41	19.46		10
2011	1 305.3	22.06	13.08	11
2012	1 463	12.08		12
2013	1 705.37	16.57		13
2014	1 868.94	9.59		14
2015	1 931.75	3.36		15
2016	2 078.06	7.57		16
2017	2 393.7	15.19		17
2018	2 803	17.10		18
2019	3 067	9.42		19
2020	3 240	5.64		20
2021	3 726	14.80		21
2022	3 663	−1.60		22

但这种高增长率会不会持续下去，什么时候到达拐点，最高消费量是多少，不仅与国家的政策相关，也与国家的经济增长速度、可再生能源的替代因素等相关，本节通过建立数学模型给这些疑问以解答。

2.1.1　普通微分模型

1. 线性增长模型

如果已知今年的天然气消费量为 x_0，过去 20 年的年复合增长率为 r，那么 k 年后天然气消费量的线性增长模型为

$$x_k = x_0(1+r)^k \tag{2-3}$$

由表 2-1 很容易得到年复合增长率为 13.08%。此模型的局限性很大，要求年复合增长率 r 在 k 年内保持不变。如将此模型用于预测，可能只适用于对 5 年以内天然气消费量的短期预测。

2. 指数增长模型

当考查一个国家或地区天然气消费量随时间延续变化的规律时，为了利用微积分这一数学工具，可以将天然气消费量看成是连续时间 t（以年为单位）的连续可微函数 $x(t)$。记初始时刻（$t=0$）的天然气消费量为 x_0，假设单位时间内天然气消费量增长率为 r，则 $rx(t)$ 是单位时间 $x(t)$ 内的增长量 $\mathrm{d}x/\mathrm{d}t$，于是得到 $x(t)$ 满足的微分方程和初始条件：

$$\frac{\mathrm{d}x}{\mathrm{d}t} = rx(t), \quad x(0) = x_0 \tag{2-4}$$

由式（2-4）很容易解出：

$$x(t) = x_0 \mathrm{e}^{rt} \tag{2-5}$$

当 $r>0$ 时，天然气消费量将按照指数规律无限增长。指数增长模型的参数估计（又称数据拟合）可用线性最小二乘法求解，对式（2-3）等号两侧同时取对数，得到

$$y = rt + a, \quad y = \ln x, \quad a = \ln x_0 \tag{2-6}$$

根据表 2-1 中 2000—2022 年的国内天然气消费量数据，将 2000 年取作 $t=0$（本节以下未做说明的，均取 2000 年为 $t=0$），用 MATLAB 编程计算，利

用最小二乘法得到 $x_0 = 257.72$，$r = 0.1317$，拟合优度为 0.9709，那么国内天然气消费量 $x(t)$ 的公式为

$$x(t) = 257.72\mathrm{e}^{0.1317t} \qquad (2-7)$$

由图 $2-1$ 可知，指数增长模型对过往天然气消费量有很好的拟合效果，但是随着时间的推移，天然气消费量呈指数级增长，没有达到饱和的迹象。因此，式 $(2-7)$ 对短期天然气消费量有一定的预测效果，对于长周期而言，此公式显然不能表达天然气消费水平的增长情况。

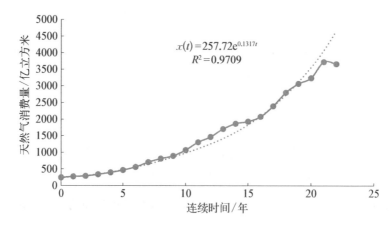

图 2-1　指数增长模型对天然气消费量预测的结果

3. 改进的指数增长模型

为了显示增长率随时间变化的规律，将年复合增长率 r 视为连续时间 t 的函数，即 $r = r(t)$。将表 $2-1$ 中 2001 年（$t=1$）至 2022 年（$t=22$）的年复合增长率对连续时间 t 作图，如图 $2-2$ 所示。

由增长率曲线可以看出，年复合增长率变化非常大，但总体上处于微下降的趋势。利用 Excel 软件提供的工具，得到最优的曲线拟合函数：

$$r = -0.018\ln t + 0.1722 \qquad (2-8)$$

那么指数增长模型可以改写为 $\dfrac{\mathrm{d}x}{\mathrm{d}t} = rx = (-0.018\ln t + 0.1722)x$，初始条件为 $x(1) = x_1$。这是可分离变量的微分方程，其解为 $x(t) = x_1\exp(-0.018t\ln t + 0.1902t - 0.1902)$。

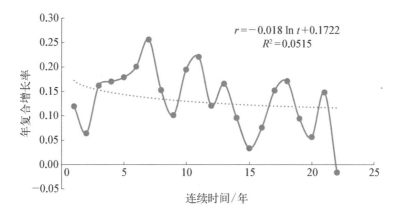

图 2-2 年复合增长率散点及其最佳拟合曲线

取表 2-1 中的 $x(0)=x_0=245.03$，$x(1)=x_1=274.3$，得到国内天然气消费量 $x(t)$ 的公式：

$$x(t)=274.3\exp(-0.018t\ln t+0.190\,2t-0.190\,2) \quad (t\geqslant 1)$$

$$(2-9)$$

将经由式(2-9)计算得到的结果和实际情况进行比较，得到图 2-3。

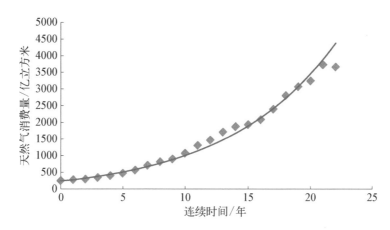

图 2-3 改进的指数增长模型对天然气消费量预测的结果

由图 2-3 可知，虽然引进了增长率与时间的变化关系，但是由于每年的天然气消费量增长率变化非常大(图 2-2)，因此只能很好地表示过去 20 年的增长率随时间变化的规律。令 $r=0$，可以得到 $t=e^{9.57}$，也就是说在 $e^{9.57}$ 年之后，天然气消费量才停止增长，这显然与实际情况不符。

2.1.2 Logistic 模型

1. 方程导出

Logistic 模型通常应用于人口增长率的预测。在分析人口增长到一定数量后增长率下降的主要原因时，人们注意到自然资源、环境条件等因素对人口增长起着阻滞作用，并且随着人口数量的增加，阻滞作用越来越大。Logistic 模型是在考虑到这些因素，对指数增长模型的基本假设进行修改后得到的。同样地，在分析天然气消费量增长率时，需要考虑天然气消费量增长的刺激因素和抑制天然气消费量增长的因素(天然气消费量增长的阻滞因素)。天然气消费量增长的刺激因素有经济的增长、煤改气因素、政策影响等，天然气消费量增长的阻滞因素包括经济生产的放缓、人口规模增长的放缓及可再生能源的替代[3]。同时要考虑这么多因素的影响，建模过程必然十分的复杂，为了使问题简单化，可以这样考虑：在天然气消费量较小(体现在人均消费量上)时，消费量的驱动发展较快，r 是随着 x 的增加而增加的，当天然气消费量达到一定的水平时，r 反而会随着 x 的增加而减小，因此将天然气消费量增长率写成一个简单的线性减函数，即

$$r(x) = a + bx \tag{2-10}$$

为了赋予增长率函数 $r(x)$ 中系数 a、b 实际的含义，此处引入以下两个参数：

(1) 天然气内禀增长率 r r 是天然气消费量为 0 时的理论增长率，即 $r(0) = a$。

(2) 天然气最高消费量 x_m x_m 是经济社会发展、化石能源和可再生能源达到平衡时天然气被消费的最大气量。当 $x = x_m$ 时，天然气消费量不再增长，维持在一个平稳的水平，即 $r(x_m) = a + bx_m = 0$，从而得到

$$b = -\frac{r}{x_m} \tag{2-11}$$

由此导出的增长率函数为

$$r(x) = a + bx = r - \frac{r}{x_m}x = r\left(1 - \frac{x}{x_m}\right) \tag{2-12}$$

那么微分方程可以写为

$$\frac{dx}{dt} = r(x)x = rx\left(1 - \frac{x}{x_m}\right), \quad x(0) = x_0 \tag{2-13}$$

<<<<　--

在式(2-13)的左式中,因子 rx 体现了煤改气引起的天然气消费量增长的必然趋势,而因子 $\left(1-\dfrac{x}{x_m}\right)$ 则体现了经济增长放缓、能耗降低和可再生能源替代对天然气消费量增长的阻滞作用。显然,x 越大,前一因子越大,后一因子越小,天然气消费量增长是这两类因素共同作用的结果。微分方程可用分离变量的方法求解,得到

$$x(t)=\frac{x_m}{1+\left(\dfrac{x_m}{x_0}-1\right)\mathrm{e}^{-rt}} \tag{2-14}$$

2. 模型参数估计

对式(2-14)等号两侧同时取倒数,得到

$$f(t)=\frac{1}{x(t)}=\frac{1}{x_m}+\frac{x_m-x_0}{x_0 x_m}\mathrm{e}^{-rt} \tag{2-15}$$

用 2000—2022 年的国内天然气消费量数据进行拟合,用 MATLAB 软件非线性最小二乘法编程得到参数:$x_0=228.6$,$x_m=6\,142.4$,$r=0.169\,3$。则方程(2-14)的最终形式为

$$x(t)=\frac{6\,142.4}{1+26.87\mathrm{e}^{-0.169\,3t}} \tag{2-16}$$

根据式(2-16)绘出数据曲线,如图 2-4 所示。由此可知,由模型得到的过往 20 年的天然气消费量数据和实际情况吻合得非常好。

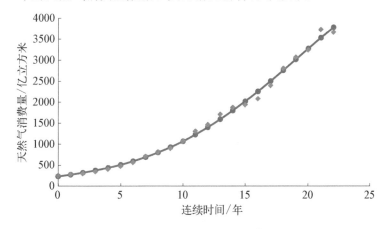

图 2-4　Logistic 模型对过往天然气消费量拟合的曲线

实现 Logistic 模型的天然气消费量曲线的 MATLAB 程序代码如下：

```
x=[0 1 2 3 4 5 6 7 8 9 10 11 12 13 14 15 16 17 18 19 20 21 22]';
y=[245.03 274.3 291.84 339.08 396.72 467.63 561.41 705.23 812.94
895.2 1069.41 1305.3 1463 1705.37 1868.94 1931.75 2078.06 2393.7 2803 3067
3240 3726 3663]';
myfunc=inline('beta(1)./(1+beta(2).* exp(beta(3).* x))','beta',
'x');
beta0=[6839.04 25.72 −0.1573]';
beta=nlinfit(x,y,myfunc,beta0)
```

3. 结果分析与预测

由 $\dfrac{\mathrm{d}x}{\mathrm{d}t}=rx\left(1-\dfrac{x}{x_{\mathrm{m}}}\right)=0.169\,3x\left(1-\dfrac{x}{6\,142.4}\right)$，得到

$$\frac{\mathrm{d}x}{\mathrm{d}t}=-0.000\,027\,56x^2+0.169\,3x \qquad (2-17)$$

以 x 为横坐标、$\dfrac{\mathrm{d}x}{\mathrm{d}t}$ 为纵坐标作图，得到一条抛物线（图 2-5），当 $x=\dfrac{x_{\mathrm{m}}}{2}=3\,071.2$ 时，$\dfrac{\mathrm{d}x}{\mathrm{d}t}$ 最大。

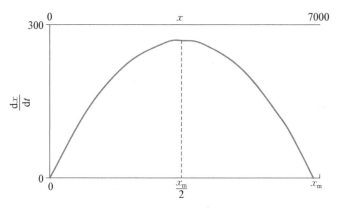

图 2-5　Logistic 模型的 $\dfrac{\mathrm{d}x}{\mathrm{d}t}$-$x$ 曲线

根据图 2-5 中 $\dfrac{\mathrm{d}x}{\mathrm{d}t}$ 随 x 增加而变化的情况，可对曲线 $x(t)$ 做如下分析：

(1) 当 $x<\dfrac{x_{\mathrm{m}}}{2}$ 时，随着 t 的增加，$\dfrac{\mathrm{d}x}{\mathrm{d}t}$ 变大，因此 x 增长越来越快，曲线

$x(t)$呈下凸状上升；

（2）当 $x=\dfrac{x_m}{2}=3\,071.2$ 时，曲线出现拐点，此后 x 增长会越来越慢，此时对应的年份是 2019 年，即 2019 年前后是天然气消费量增长最快的时期；

（3）当 $x \to x_m$ 时，$\dfrac{\mathrm{d}x}{\mathrm{d}t} \to 0$，于是 $x=x_m$ 是曲线 $x(t)$ 的渐近线（图 2-6）。

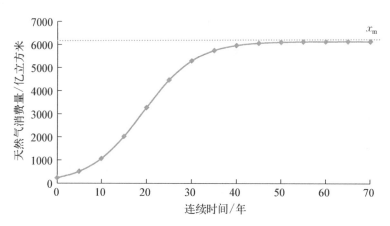

图 2-6　Logistic 模型对未来天然气消费量预测的情况

从图 2-6 和表 2-2 中可以看出，天然气消费量在 2000—2025 年间处于高速增长阶段，在 2025 年后增长放缓，在 2030 年超过 5 000 亿立方米后增长进一步放缓，在 2040 年基本达到饱和，此后几乎不再增长，最高天然气消费量稳定在 6 142.4 亿立方米上下。

表 2-2　用 Logistic 模型预测我国未来天然气消费量数据

（单位：亿立方米）

年　份	2023	2024	2025	2026	2027	2028	2029
预测值	4 023	4 251	4 465	4 664	4 845	5 010	5 158
年　份	2030	2031	2032	2033	2034	2035	
预测值	5 290	5 407	5 510	5 598	5 678	5 745	

2.1.3　结论

从我国颁布的有关天然气规划发展的一些具体文件来看，Logistic 模型的预测结果与规划发展目标基本吻合。根据国家发展和改革委员会与国家能源局联合印发的《能源生产和消费革命战略（2016—2030）》，到 2030 年，我国天然气消费占一次能源消费的比例要达到 15%[3]。而国家划定的 2030 年一次能源消费量的红线为 60 亿吨标准煤。按标准煤的热值为 7 000 kcal/kg、天然气的热值为 8 500 kcal/m³ 来估算，2030 年我国天然气消费量约为 7 412 亿立方米，考虑到红线为最高限值，实际情况应比这一数值要低[4]，则 Logistic 模型预测的 2030 年 5 290 亿立方米的天然气消费量比国家战略目标低 2 122 亿立方米左右。另外，根据《中国天然气发展报告（2019）》，2050 年前我国天然气消费量将保持持续增长趋势，这也与 Logistic 模型的预测结果相吻合。综上，不管是将趋势分析还是将具体的目标数值与 Logistic 模型的预测结果进行比照，都可以得出较为一致的结论，即 Logistic 模型的预测结果能够较好地应用于实际情况中。

在全球能源消费结构中，天然气消费约占一次能源消费的 25%，但我国这一比例还不到 10%，与全球平均水平相比，我国天然气发展之路任重而道远[5]。在未来较长一段时间内，我国生态文明建设的步伐不会停，绿色低碳转型的方向不会变。风能、水能等可再生能源的使用受自然条件限制，废置率较高，短期内难以实现大规模利用，因此作为我国主要清洁能源的天然气依然会保持稳健的增长，依然是我国能源结构调整的重要组成部分[6]。国家也相应出台具体政策举措，不断推进天然气领域深化改革，一方面，"煤改气"政策持续推进，伴随城镇化率的提高与环保政策的愈加严格，其能够带来的天然气消费增量依然有巨大想象空间[7]；另一方面，国家石油天然气管网集团有限公司成立，将全国天然气管道连成一张网，同时遵循"管住中间、放开两头"的原则，开放上游气源市场的竞争，打破下游天然气消费的垄断格局，极大地提升天然气市场的运行效率，降低天然气消费成本，进一步推动天然气消费。至于在更远的将来，随着经济发展、人口存量都逐渐趋于稳定，一次能源消费的"蛋糕"将难以继续增大；同时随着科技不断进步，核能等新能源很大可能将迎来应用上的突破，会在一定程度上固化天然气消费在整体能源消费结构中的份额，远期天然气消费量应是趋于稳定的状态[4]。将以上分析与 Logistic 模型的预测情况进行对比，可知从短期政策引领与长期发展形势来看，天然气消费量的可能变化趋势与 Logistic 模型预测的趋势基本保持一致，即在 2030 年前依然有较为可观的增长，而在 2030 年后小幅增长并至 2050 年基本保持稳定。

2.2 煤气中毒与急救

正常情况下,人体内通过呼吸系统进入血液的氧气会与血红蛋白(Hb)结合,形成氧合血红蛋白(HbO_2),被输送到机体的各个器官与组织,参与正常的新陈代谢活动。但在外界一氧化碳(外源性一氧化碳)随空气进入人体,经肺泡进入血液循环后,一氧化碳会与血液中的血红蛋白结合,形成具有可逆性的结合物——碳氧血红蛋白(COHb)。一氧化碳与血红蛋白的亲和力比氧气与血红蛋白的亲和力大 300 倍,而且 COHb 的解离速度很慢,仅是 HbO_2 的 $1/3\ 600$[8-10]。因此,一氧化碳一旦进入机体,便抢先与血红蛋白结合形成 COHb,极大地阻碍氧气与血红蛋白正常结合形成 HbO_2,竞争性地抑制血红蛋白对氧气的输送功能,导致机体细胞缺氧,人体表现出一氧化碳中毒症状[11,12]。关于一氧化碳中毒的数学模型并不多见,最典型的是北京大学数学科学学院陈志勇教授创立的一氧化碳中毒模型[13]。他借用环境数学模型中河水污染生化需氧量(Biological Oxygen Demand,BOD)和溶解氧(Dissolved Oxygen,DO)这两个指标建立了一维 BOD-DO 方程组,将一个生理过程简化为一个偏微分方程模型。但该模型过于抽象,偏微分方程组比较复杂,且对于中毒后的急救过程没有构建相应的数学模型,因此存在一定的局限性。其他一氧化碳中毒模型大都是基于小白鼠的实验过程研究和模拟[14-16],且主要反映一氧化碳对脑细胞的伤害,没有揭示出一氧化碳在人体中的转移和中毒机理,更没有对此建立数学模型。本节模拟药物在人体中的吸收和代谢,选择以呼吸系统和血液循环系统为两个血液容积房室,以一氧化碳在这两个房室之间吸收、转移和解离为基本的生理学过程,建立一个新的一氧化碳中毒微分方程模型。

2.2.1 煤气中毒机理分析

(1) 正常人的血液量占体重的 8%。以一个体重为 60 kg 的人为例,其血液量大约为 4.5 L,每分钟呼吸 15 次,且每分钟吸入和呼出的气量均为 5 L(0.005 m^3),假设空气中的 CO 含量是 1 mmol/m^3,则每分钟吸入的 CO 的物质的量为 0.005 mmol。

（2）人体内的血红蛋白是一种含铁的蛋白质大分子，它的相对分子质量为 64 500，每 100 mL 血液中血红蛋白的质量为 14 g，故每 100 mL 血液中血红蛋白的物质的量约为 0.217 mmol。若人体中总的血液量为 4.5 L，则血红蛋白的物质的量约为 9.77 mmol。

（3）每个血红蛋白分子含有 4 个铁原子，即 1 个血红蛋白分子能结合 4 分子氧气（或者 4 分子一氧化碳）。每次呼吸吸入的 O_2 的物质的量是 0.744 mmol，能够结合的血红蛋白的物质的量是 0.186 mmol。肺部的血液容量占全身血液量的 9%，约为 405 mL，而肺部血液中血红蛋白的物质的量是 0.88 mmol，可见 O_2 所结合的血红蛋白只占肺部中血红蛋白总量的很少一部分（21%）。

（4）由于一氧化碳与血红蛋白的亲和力比氧气与血红蛋白的亲和力大 300 倍，因而可以认为当 CO 浓度较小时，经由呼吸道进入肺部的 CO 气体分子全部与血红蛋白结合形成 COHb，肺部中的 COHb 经血液循环进入全身各处。随后，全身各处的 COHb 又跟随血液循环系统部分返回到肺部，并且部分发生解离，通过呼气排出体外，体外的 CO 重新经吸气进入肺部，如此循环。

（5）当血液含有 10%～20%（与 CO 结合的血红蛋白占血红蛋白总量的比例）COHb 时，人体出现头胀、头痛、恶心；当 COHb 占比达到 30%～50% 时，人体出现无力、呕吐、晕眩、精神错乱、震颤，甚至虚脱；COHb 占比至 50%～60% 时，人体出现昏迷和惊厥；COHb 占比至 70%～80% 时，则呼吸中枢麻痹，心跳停止。据此可知发生 CO 中毒的最低剂量是 COHb 占比达到 10%，此时血液中的 CO 含量为 0.868 mmol/L（后文中给出计算方法）。

2.2.2 煤气中毒模型

1. 模型假设

（1）机体分为呼吸系统和循环系统（血液循环系统），两个系统的容积（血液体积）在整个过程中保持不变。

（2）吸入的 CO 从一个系统向另一个系统转移的速率（单位时间的变化）及解离和向体外排出的速率与该系统中 CO 的血液浓度（血液中的 CO 浓度）成正比。

（3）只有呼吸系统与体外有 CO 交换（吸收和解离），即 CO 从体外进入呼吸系统与血红蛋白结合，最后又从呼吸系统解离并排出体外。

（4）呼吸系统主要由肺构成，其血液含量为全身血液总量的 10%〔此处假设肺部的血液含量为 9%，除肺外的其他呼吸系统组成部分（如鼻、气管等）的血液含量为 1%]，则呼吸系统的血液体积为 0.45 L，血液循环系统（除肺外）的血液体积为 4.05 L。

根据以上假设，可给出两个系统中 CO 转移流程，如图 2 - 7 所示。

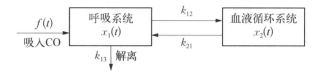

图 2 - 7 机体内 CO 转移流程图

在图 2 - 7 中，$x_1(t)$，$x_2(t)$ 分别为两个系统（房室）中的 CO 含量（单位：mmol），k_{ij} 为相应的转移速率常数（i，$j = 1$，2；其中 k_{13} 为 COHb 的解离速率常数），$f(t)$ 为 CO 与血红蛋白结合的速率（单位：mmol/min）。

2. 模型建立

根据以上假设和 CO 转移流程，可写出两个房室中的 CO 含量的变化关系：

$$\begin{cases} \dot{x}_1(t) = -k_{12}x_1 - k_{13}x_1 + k_{21}x_2 + f(t) \\ \dot{x}_2(t) = -k_{21}x_2 + k_{12}x_1 \end{cases} \qquad (2-18)$$

$x_i(t)$ 与血液浓度 $c_i(t)$ 和房室体积 V_i 之间满足如下关系：

$$c_i(t) = \frac{x_i(t)}{V_i} \quad (i = 1, 2) \qquad (2-19)$$

将 $x_i(t) = c_i(t)V_i$ 代入式（2 - 18），将 CO 的绝对含量转变为 CO 的血液浓度，记

$$A = \begin{vmatrix} -k_{12} - k_{13} & k_{21}\dfrac{V_2}{V_1} \\[2mm] k_{12}\dfrac{V_1}{V_2} & -k_{21} \end{vmatrix}$$

则式（2 - 19）等价于

$$\dot{\boldsymbol{c}}(t) = \begin{bmatrix} \dot{c}_1(t) \\ \dot{c}_2(t) \end{bmatrix} = A\begin{bmatrix} c_1(t) \\ c_2(t) \end{bmatrix} + \begin{bmatrix} \dfrac{f(t)}{V_1} \\ 0 \end{bmatrix} \qquad (2-20)$$

式(2-20)为线性常系数非齐次方程,其对应的齐次方程的通解为

$$\begin{cases} c_1(t) = A_1 e^{-\alpha t} + B_1 e^{-\beta t} \\ c_2(t) = A_2 e^{-\alpha t} + B_2 e^{-\beta t} \end{cases} \tag{2-21}$$

式中,A_1,A_2,B_1,B_2,α,β 由参数 k_{ij},V_1,V_2 等确定,且 $V_1 = 0.45$,$V_2 = 4.05$,并有

$$\begin{cases} \alpha + \beta = k_{12} + k_{21} + k_{13} \\ \alpha\beta = k_{21}k_{13} \end{cases} \tag{2-22}$$

为了求解线性常系数非齐次方程,需要知道 CO 与血红蛋白结合的速率 $f(t)$ 和初始条件。

考查空气中 CO 浓度维持不变时的情况。设空气中的 CO 浓度为 a mmol/m³,普通人平均一分钟吸气 5 L(0.005 m³),当 CO 浓度较小时,可认为每次吸入的 CO 全部与血红蛋白结合,剩下未结合完全的 CO 才与氧气结合。那么 CO 与血红蛋白结合的速率为 0.005a mmol/min,即初始条件为

$$f(t) = k = 0.005a, \quad c_1(0) = c_2(0) = 0 \tag{2-23}$$

在此条件下,方程的解为

$$\begin{cases} c_1(t) = A_1 e^{-\alpha t} + B_1 e^{-\beta t} + \dfrac{k}{k_{13}V_1} \\ c_2(t) = A_2 e^{-\alpha t} + B_2 e^{-\beta t} + \dfrac{k_{12}k}{k_{21}k_{13}V_2} \\ A_2 = \dfrac{V_1(k_{12} + k_{13} - \alpha)}{k_{21}V_2}A_1, \quad B_2 = \dfrac{V_1(k_{12} + k_{13} - \beta)}{k_{21}V_2}B_1 \end{cases} \tag{2-24}$$

3. 模型参数确定和方程的解

根据实际情况,查阅相关文献,当空气中的 CO 浓度为 2.05 mmol/m³(相当于 57.4 mg/m³)时,会引起中毒,小于此值则不会引起中毒,故 2.05 mmol/m³ 为中毒与否的分界线。同时,当空气中的 CO 浓度达到 2.05 mmol/m³ 且达到稳态($t \rightarrow \infty$)时,人体血液内的 COHb 含量达到 10%(约 0.977 mmol)。式(2-24)中的常数项 $\dfrac{k_{12}k}{k_{21}k_{13}V_2}$ 的意义为当 $t \rightarrow \infty$ 时,人体血液循环系统所能达到的 CO 血液浓度,此时 CO 浓度为最大值。

那么当CO浓度达到 $2.05\ \text{mmol/m}^3$ 时，每分钟吸入的CO的物质的量为 $2.05 \times 0.005 = 0.010\,25\,(\text{mmol})$，即 $k = 0.010\,25$。根据 $c_2(t)$ 的表达式，当 $t \rightarrow \infty$ 时，人体血液循环系统中的CO浓度为

$$c_2(\infty) = \frac{kk_{12}}{k_{21}k_{13}V_2} \tag{2-25}$$

同时，COHb含量达到 10%，即COHb的绝对含量为 $9.77 \times 0.1 = 0.977\,(\text{mmol})$，1个血红蛋白分子结合4个CO分子，则相当于血液中的CO浓度为 $0.977 \times 4 \div 4.5 \approx 0.868\,(\text{mmol/L})$。因为 $k = 0.010\,25$，$V_2 = 4.05$，将其代入式(2-25)，得到

$$\frac{k_{12}}{k_{21}k_{13}} = 343 \tag{2-26}$$

由式(2-26)确定各个参数的相对值。根据实际情况，呼吸系统(肺)中的血液含量和除肺以外的血液循环系统的血液含量的比是 $1:9$，那么肺中的COHb全部流到全身，则 $k_{12} \approx 1$，全身(除肺外)的血液循环系统流回肺内的COHb只有 $1/9$，则 $k_{21} \approx 0.111$，故由式(2-26)求出 $k_{13} \approx 0.026\,2$。

由方程组(2-22)可得

$$\begin{cases} \alpha + \beta = k_{12} + k_{21} + k_{13} = 1.137\,2 \\ \alpha\beta = k_{21}k_{13} = 0.002\,91 \end{cases} \tag{2-27}$$

假设 $\alpha < \beta$，解出 $\alpha = 0.002\,565$，$\beta = 1.134\,6$。

由方程组(2-24)和初始条件[式(2-23)]可得

$$\begin{cases} A_1 + B_1 + 0.424a = 0 \\ A_2 + B_2 + 0.424a = 0 \\ A_2 = 1.023\,6A_1, \quad B_2 = -0.108\,4B_1 \end{cases} \tag{2-28}$$

从而

$$\begin{cases} A_1 = -0.415\,2a, \quad A_2 = -0.425a \\ B_1 = -0.008\,8a, \quad B_2 = 0.000\,95a \end{cases} \tag{2-29}$$

方程的解为

$$\begin{cases} c_1(t) = -0.415\,2a\,\mathrm{e}^{-0.002\,565t} - 0.008\,8a\,\mathrm{e}^{-1.134\,6t} + 0.424a \\ c_2(t) = -0.425a\,\mathrm{e}^{-0.002\,565t} + 0.000\,95a\,\mathrm{e}^{-1.134\,6t} + 0.424a \end{cases} \quad (2\text{-}30)$$

当空气中的 CO 浓度分别为 2 mmol/m³、5 mmol/m³、10 mmol/m³、15 mmol/m³、20 mmol/m³ 时,人体血液中的 CO 浓度随时间变化的曲线如图 2-8 所示。

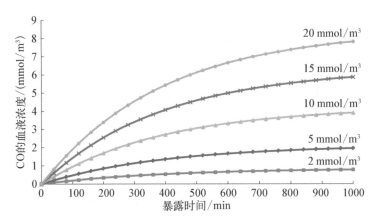

图 2-8　空气中的 CO 浓度不同时血液中的 CO 浓度随时间变化的曲线

从图 2-8 中可以看出,当空气中的 CO 浓度为 2 mmol/m³ 时,正常人不会发生中毒情况,当空气中的 CO 浓度分别为 5 mmol/m³、10 mmol/m³、15 mmol/m³、20 mmol/m³ 时,其出现中毒症状的时间分别为 206 min、90 min、58 min、43 min。当空气中的 CO 为安全浓度的 100 倍(205 mmol/m³)时,用 MATLAB 软件解得出现中毒症状的时间为 4.8 min,危险性大大增加。如不及时救治,中毒者将很快昏迷甚至死亡。

4. 煤气中毒的急救方法

(1)常规急救

假如发现 CO 中毒者,应迅速打开所有通风的门窗,若能发现泄漏煤气来源,则迅速关闭相应煤气开关,迅速将中毒者移出该房间,转移到通风处平卧。

假设煤气中毒时空气中的 CO 浓度为 205 mmol/m³ 或者 5.74 g/m³(超标 100 倍)时,代入式(2-30)得

$$\begin{cases} c_1(t) = -85.12\mathrm{e}^{-0.002\,565t} - 1.804\mathrm{e}^{-1.134\,6t} + 86.92 \\ c_2(t) = -87.125\mathrm{e}^{-0.002\,565t} + 0.194\,75\mathrm{e}^{-1.134\,6t} + 86.92 \end{cases} \quad (2\text{-}31)$$

假设人暴露在 CO 浓度为 205 mmol/m³ 的环境中达 20 min，即 $t=20$，可算得此时肺中的 CO 浓度为 6.06 mmol/L，除肺外全身血液中的 CO 浓度为 4.15 mmol/L（>0.868 mmol/L）。

同时，COHb 含量达到 $(4.15\times4.5\div4)\div9.77\times100\%=48\%$，人体会出现无力、呕吐、晕眩、精神错乱、震颤，甚至昏迷。如此时发现中毒情况，应立即将中毒者转移到通风处平卧，那么将在 20 min 后，空气中的 CO 不对人体造成危害。人依靠呼吸新鲜空气将 COHb 自然解离，即 $f(t)=0$（$t\geqslant20$），$k=0$，$k_{12}=1$，$k_{21}=0.111$。当空气中的 CO 不对人体造成危害时，COHb 的解离速率常数 k_{13} 会有所增加，在此设新的解离速率常数为以前的 1.5 倍，那么 $k_{13}=0.026\,2\times1.5=0.039\,3$。当将时间起点变换为将中毒者转移到新鲜空气处开始施救时，新的方程为

$$\begin{cases}\dot{y}_2(t)=-k_{12}y_1-k_{13}y_1+k_{21}y_2\\ \dot{y}_2(t)=-k_{21}y_2+k_{12}y_1\end{cases}\tag{2-32}$$

$y_i(t)$ 与血液浓度 $\rho_i(t)$ 和房室体积 V_i 之间满足如下关系：

$$\rho_i(t)=\frac{y_i(t)}{V_i}\quad(i=1,\,2)\tag{2-33}$$

初始条件：

$$\begin{cases}\rho_1(0)=A_1+B_1=6.06\\ \rho_2(0)=A_2+B_2=4.15\end{cases}\tag{2-34}$$

用同样的方法解出：

$$\begin{cases}\rho_1(t)=4.198\mathrm{e}^{-0.003\,8t}+1.862\mathrm{e}^{-1.146\,5t}\\ \rho_2(t)=4.351\mathrm{e}^{-0.003\,8t}-0.199\,8\mathrm{e}^{-1.146\,5t}\end{cases}\tag{2-35}$$

由 $\rho_2(t)=0.868$，用 MATLAB 软件解出 $t=424$，即中毒者被转移到新鲜空气处 $424\div60\approx7$（h）后能够恢复正常。

从图 2-9 中可以看出，当将中毒者转移到新鲜空气处时，呼吸系统和血液循环系统中的 CO 浓度几乎同时分别从 6.06 mmol/L 和 4.15 mmol/L 处下降，两者的 CO 浓度几乎瞬间达到相同，然后从基本相同的 CO 血液浓度处开始下降，下降速率逐渐减小。

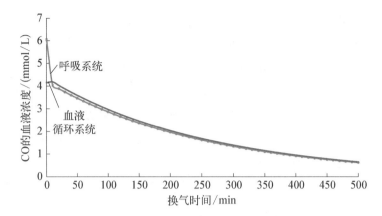

图2-9 以开始施救为时间起点,呼吸系统和血液循环系统中的 CO浓度随时间的变化

若将时间起点设置在人刚开始吸入 CO(此时 $t=0$),20 min 时此人进入中毒状态,此时快速将此人转移到新鲜空气处,依靠呼吸新鲜空气将 COHb 自然解离,则呼吸系统和血液循环系统中的 CO 浓度变化如图 2-10 所示。

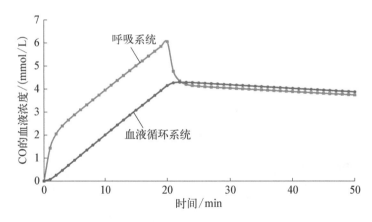

图2-10 呼吸系统和血液循环系统中的 CO浓度变化

从图 2-10 中可以看出,中毒时首先是呼吸系统(肺)中的 CO 浓度急剧上升,在呼吸系统向血液循环系统传递过程中,血液循环系统中的 CO 浓度随之快速上升,但在开始 1 min 时,会有一个惯性惰性期。在达到深度中毒时(此时 $t=20$),突然将中毒者转移到新鲜空气处,此时呼吸系统中的 CO 由于没有新的补充及在自然解离的作用下,呼吸系统中的 CO 浓度急速下降,而血液循环系统中的 CO 浓度还会有一个小的惯性上升的过程,此后呼吸系统和血液循环系统中的 CO 浓度的下降速率趋于平缓,并以相同的速率下降。

(2) 高压氧急救

高压氧在急性一氧化碳等中毒合并急性脑缺氧患者救治方面有显著功效。近年来,随着人们对高压氧治疗研究的深入,从物理学层面、常见生理指标、器官功能、组织超微结构、微环境到干细胞及基因分子水平,高压氧的治疗机理获得了更广泛而深入的证实[17,18]。危重症医学是高压氧临床应用的一个重要方面。高压氧开始治疗时间应以尽早为好,并需足够疗程,以获得令人满意的效果。假设人在高 CO 浓度中呼吸 20 min,达到中毒状态后被迅速发现,然后立即用高压氧(0.2～0.28 MPa)进行呼吸支持治疗,取刚开始用高压氧治疗的时间为起点时间,那么对于用高压氧救治的一氧化碳中毒患者,COHb 的解离速率常数 k_{13} 会大幅增加,为普通空气时的 $2\sim4$ 倍,而 $k_{12}=1$ 和 $k_{21}=0.111$ 保持不变。取 $k_{13}=0.026\,2\times4=0.104\,8$,用同样的方法解出:

$$\begin{cases} \rho_1'(t)=3.98\mathrm{e}^{-0.009\,6t}+2.08\mathrm{e}^{-1.206\,2t} \\ \rho_2'(t)=4.36\mathrm{e}^{-0.009\,6t}-0.21\mathrm{e}^{-1.206\,2t} \end{cases} \tag{2-36}$$

由 $\rho_2'(t)=0.868$,用 MATLAB 软件解出 $t=168$,即采用高压氧治疗 $168\div60=2.8$(h)后中毒者就能恢复正常,比自然恢复的时间大大减少。

2.2.3　结论

本节将一个比较复杂的煤气中毒问题简化为用一个简洁的数学模型进行描述,通过呼吸系统和血液循环系统的血液循环模拟,包括 CO 在这两个房室中的转移和解离以及达到中毒时最低的血液浓度,比较准确地估计了 CO 的转移速率常数和解离速率常数,为解决 CO 浓度变化问题及 CO 中毒急救模型提供了较准确的参数支持。该模型的建立也是数学在日常生活中应用的一个有代表性的例子,即抓住问题的核心要素进行简化处理与数学建模,对解决同类问题具有普遍指导意义。

2.3　燃气热水器热水"零等待"

随着人们生活水平的日益提高,居民对家庭用生活热水提出全新的要求,希望能够实现出水即热"零等待"的舒适性目标。对于使用普通燃气热水器、即热式燃气壁挂炉等快速燃气热水器的小户型用户,由于没有储热水箱,因而无法直接安装生活热水循环系统,无法提供即开即用的生活热水,必须先放掉存留在热水管中的冷水,等待一段时间后生活热水才能流出,这样不仅会浪费大量的水资源,也会给使用带来不便。对于厨房与卫生间布局间隔较远的户型,上述弊端更为明显。

从已有的研究来看,还没有从理论上建立在燃气热水器点火后,相隔较远(10 m左右)的热水管的出水温度随时间变化的模型。实际上,在热水器启动并将管里的残余冷水排完后,热水管的出水温度随时间变化并不是线性的,直观的感觉是该过程由三个阶段构成,分别是蓄热段(水温基本维持在室温不变)、升温段(水温明显急速拉升)和稳定段(水温接近设定温度)。建立热水管的出水温度随时间变化的模型,并以此为基础进行热水"零等待"、冷水"零浪费"优化设计,这是一个值得探索的课题。目前的改进措施仅停留在以经验为基础的改善上,例如在热水管外表包裹保温材料,在热水器入水口装设热水微循环泵,以构建生活热水循环系统[19-24]。

本节通过建立燃气热水器从打火点燃到达到稳态时的浴室出水温度随时间变化的模型,首先计算在没有管道保温材料和热水循环泵的情况下的水和燃气的耗费情况,并将理论计算结果和实际情况进行对比研究,然后以此为基础,在加设管道保温材料和热水循环泵的情况下,对达到出水即热时能量的节省情况进行计算分析,并提出解决问题的最佳方案。

2.3.1 无保温材料和循环泵情形

1. 研究对象

为简化计算,便于建立模型,进行以下设定:燃气热水器安装在厨房,出水温度设定为48 ℃不变,浴室水龙头(一般是混水龙头,如图2-11所示)安装在离厨房最远的主卧卫生间,燃气热水器和浴室水龙头用一根钢管连接,该水管为直线水管,在墙壁和地板埋设部分忽略转弯角影响,室温为25 ℃不变,所有条件均在标准状态(按照国家建筑管网供水压力规范要求,城市供水服务压力为0.14 MPa)下运行。无保温材料和循环泵时的水流向见图2-11,水管埋在墙壁或者地板中(图2-12)。假设:① 钢管两侧空气温度为25 ℃,墙体和楼板的建筑材料相同,均为混凝土材质,墙体和楼板的导热系数均为0.79 W/(m·K)

(25 ℃时的取值);② 墙体和楼板的厚度均取 0.2 m,水管埋在其中间,到其两侧表面的距离相等,以打开燃气热水器后热水管中的冷水刚好排净的时间为 $t=0$。

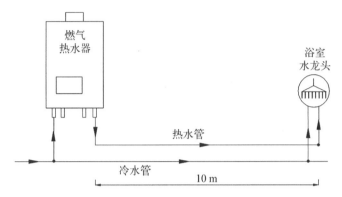

图 2-11　无保温材料和循环泵时的水流向

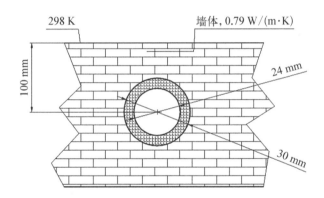

图 2-12　埋在墙体中的水管横截剖面示意图

　　图 2-13 表示微元控制容积法的思路。微元控制容积是一个被微元控制表面界限包含的空间区域,进入和离开微元控制容积的介质带有能量,根据热力学第一定律,时间 Δt 内储存在微元控制容积内的能量增大的值必定等于进入微元控制容积的能量减去离开微元控制容积的能量。本节研究对象

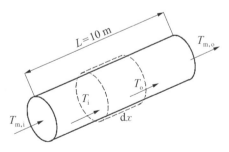

图 2-13　微元控制容积传热示意图

中的微元控制容积为图 2-13 中由虚线部分构成的一段圆柱体,其长为 dx,管道内径为 D_i,管道外径为 D_o。

2. 达到稳态时的热传导

在达到稳态时,水管内各处的水温保持不变,取图 2-13 中虚线部分对应的微元控制容积进行分析,有

$$\dot{E}_{in} - \dot{E}_{out} = q_{conv} \tag{2-37}$$

式中 $\dot{E}_{in}$ ——单位时间内微元控制容积中的流入水的热量,W;

$\dot{E}_{out}$ ——单位时间内微元控制容积中的流出水的热量,W;

q_{conv} ——微元控制容积散热流密度,W。

适用于水管内水的微元控制容积传热方程:

$$q_{conv} = \dot{m}_o c_p (T_m - T_o) \tag{2-38}$$

写成微分形式:

$$dq_{conv} = \dot{m}_o c_p dT_m = \frac{T_s - T_m}{R_{tot}} \tag{2-39}$$

式中 $\dot{m}_o$ ——热水管水流率,kg/s,实测值为 0.123 kg/s;

c_p ——48 ℃、常压下水的比热容,J/(kg·K),取 4 174 J/(kg·K)[25];

dT_m ——长为 dx 的微元控制容积两端的温差,K;

T_s ——墙体外表面的空气温度,K,取 298 K(25 ℃);

T_m ——长为 dx 的微元控制容积的水温,K;

R_{tot} ——微元控制容积从水管中心到墙壁表面的总热阻,K/W。

微元控制容积从水管中向外传递热量,由三部分组成,分别是水和水管内壁的对流换热及水管内、外壁的热传导,水管外壁与墙壁之间的热传导,墙壁与空气之间的对流换热。

R_{tot} 为控制元 dx 从水管中心到墙壁表面大气环境的总热阻,计算如下:

$$R_{tot} = R_{conv} + R_{cond,i} + R_{cond,s} + R_{cond,e} \tag{2-40}$$

式中 R_{conv} ——水管内水与管壁之间的对流换热热阻,K/W;

$R_{cond,i}$ ——水管的导热热阻,K/W;

$R_{cond,s}$ ——从水管外壁到墙壁表面的热阻,K/W;

$R_{cond,e}$ ——楼板表面与空气之间的对流换热热阻,K/W。

于是,

$$R_{tot} = (\bar{h}\pi D_i dx)^{-1} + \frac{\ln\frac{D_o}{D_i}}{2\pi k_i dx} + \frac{1}{k_s S} + \frac{1}{2h_e L_e dx} \qquad (2-41)$$

式中　$\bar{h}$——微元控制容积内水对管壁的换热系数，$W/(m^2 \cdot K)$；

　　　D_i——水管内径，m，取 0.024 m；

　　　D_o——水管外径，m，取 0.03 m；

　　　k_i——水管的导热系数，$W/(m \cdot K)$，48 ℃时为 49.8 $W/(m \cdot K)$[25]；

　　　k_s——墙体或楼板(混凝土)的导热系数，$W/(m \cdot K)$，25 ℃时为 0.79 $W/(m \cdot K)$[25]；

　　　S——形状因子，m[26]；

　　　h_e——楼板表面与空气之间的对流换热系数，$W/(m^2 \cdot K)$，取 8.7 $W/(m^2 \cdot K)$；

　　　L_e——楼板长度，m，此处 $L_e \gg d$，根据实际情况，可认为 $L_e \to \infty$。

假设水管埋在墙壁中间，到墙壁两侧表面的距离相等，且这个距离 z 远远大于水管半径 r，则水管长度 $L \gg z$，查表可得[26]：

$$S = \frac{2\pi dx}{\ln\frac{8z}{\pi D_o}} \qquad (2-42)$$

式中　z——墙体中热水管中心轴线到墙壁的距离，m，参考值为 0.1 m。

将式(2-42)代入式(2-41)，可得

$$R_{tot} = (\bar{h}\pi D_i dx)^{-1} + \frac{\ln\frac{D_o}{D_i}}{2\pi k_i dx} + \frac{\ln\frac{8z}{\pi D_o}}{2\pi k_s dx} + \frac{1}{2h_e L_e dx} \qquad (2-43)$$

即

$$R_{tot} = \frac{\dfrac{1}{\bar{h}\pi D_i} + \dfrac{\ln\dfrac{D_o}{D_i}}{2\pi k_i} + \dfrac{\ln\dfrac{8z}{\pi D_o}}{2\pi k_s} + \dfrac{1}{2h_e L_e}}{dx} = \frac{R'_{tot}}{dx} \qquad (2-44)$$

由于楼板长度 $L_e \to \infty$，那么可以认为 $\dfrac{1}{2h_e L_e} \to 0$，式(2-44)简化为

$$R'_{\text{tot}} = \frac{1}{h\pi D_i} + \frac{\ln\dfrac{D_o}{D_i}}{2\pi k_i} + \frac{\ln\dfrac{8z}{\pi D_o}}{2\pi k_s} \tag{2-45}$$

由此可得

$$\frac{(T_s - T_m)\mathrm{d}x}{R'_{\text{tot}}} = \dot{m}_o c_p \mathrm{d}T_m \tag{2-46}$$

移项得

$$\frac{\mathrm{d}x}{\dot{m}_o c_p R'_{\text{tot}}} = \frac{\mathrm{d}T_m}{T_s - T_m} \tag{2-47}$$

从燃气热水器的热水出口温度到浴室热水管的稳态出水温度积分,可得

$$\int_{T_{m,i}}^{T_{m,o}} \frac{\mathrm{d}T_m}{T_m - T_s} = -\int_0^L \frac{\mathrm{d}x}{\dot{m}_o c_p R'_{\text{tot}}} \tag{2-48}$$

假定 R'_{tot} 与 x 无关,积分可得

$$\frac{T_{m,o} - T_s}{T_{m,i} - T_s} = \exp\left(-\frac{L}{\dot{m}_o c_p R'_{\text{tot}}}\right) \tag{2-49}$$

式中　$T_{m,o}$——浴室热水管达到稳态时的出水温度,K;

　　　$T_{m,i}$——燃气热水器设定出水温度,K,取 321 K(48 ℃);

　　　L——连接燃气热水器和浴室水龙头的热水管的总长度,m,设定值为

　　　　　10 m。

为计算给定条件下的 $T_{m,o}$,首先应该确定水与水管之间的换热系数 $\bar{h}$。在选取水的物性参数时,必须确定水的温度,由于将燃气热水器的出水温度设定为 48 ℃,达到稳态时出水温度稍低于但是比较接近于 48 ℃,因而此处取 48 ℃时水的物性参数,参考文献中一般给出的是整数温度下水的物性参数,因此取 50 ℃时水的物性参数代替 48 ℃时水的物性参数。

由雷诺数[27]公式可得

$$Re = \frac{\rho_o \omega D_i}{\mu} \tag{2-50}$$

式中　Re——48 ℃时水的雷诺数,无量纲;

<<<< --

ρ_o——48 ℃时水的密度,kg/m³,参考值为 988.1 kg/m³[25];

μ——48 ℃时水的动力黏度,Pa·s,参考值为 549.4×10⁻⁶ Pa·s[25];

ω——水的线性流动速率,m/s。

由给定的质量流动速率$\dot{m}_o$、水的密度 ρ_o 和水管内径 D_i,可得

$$\omega = \frac{4\dot{m}_o}{\rho_o \pi D_i^2} = \frac{4 \times 0.123}{988.1 \times 3.14 \times 0.024^2} \approx 0.275\,3 \qquad (2-51)$$

水的动力黏度的计算式为

$$\mu = \rho_o v_o \qquad (2-52)$$

那么将式(2-51)和式(2-52)代入雷诺数公式,可得

$$Re = \frac{\rho_o \omega D_i}{\mu} = \frac{\rho_o \times \dfrac{4\dot{m}_o}{\rho_o \pi D_i^2} \times D_i}{\mu} = \frac{4\dot{m}_o}{\pi D_i \mu}$$

$$= \frac{4 \times 0.123}{3.14 \times 0.024 \times 549.4 \times 10^{-6}} \approx 1.19 \times 10^4 \qquad (2-53)$$

由于水的普朗特数 $Pr = 3.54$[25],因而可以确定水管内水的流态为湍流,且满足条件 $Re = 1 \times 10^4 \sim 1.2 \times 10^5$, $Pr = 0.7 \sim 120$, $L/D_i \geqslant 60$。对于 $Pr > 0.6$ 的常规流体,可用最普遍的 Dittus-Boelter 公式[25]:

$$Nu = 0.023 Re^{0.8} Pr^n \qquad (2-54)$$

式中　Nu——水的努塞特数,无量纲;

　　　Pr——水的普朗特数,无量纲;

　　　n——流体加热时 $n = 0.4$,流体冷却时 $n = 0.3$,此处水管内的水处于冷却状态,因此取 $n = 0.3$。

将已知参数代入式(2-54),可计算得到出水管内水的努塞特数 $Nu = 61.22$。

水管内壁表面的导热系数 $\bar{h}$ 的计算式为

$$Nu = \frac{\bar{h} D_i}{k} \qquad (2-55)$$

式中　k——48 ℃时水的导热系数,W/(m·K),参考值为 0.648 W/(m·K)。

可求得 $\bar{h} \approx 1\,653$，则

$$R'_{\text{tot}} = \frac{1}{\bar{h}\pi D_i} + \frac{\ln \dfrac{D_o}{D_i}}{2\pi k_i} + \frac{\ln \dfrac{8z}{\pi D_o}}{2\pi k_s} \approx 0.44 \qquad (2-56)$$

代入积分方程，可得

$$\frac{T_{m,o} - 298}{321 - 298} = \exp\left(-\frac{10}{0.123 \times 4\,174 \times 0.44}\right) \approx 0.956\,7 \qquad (2-57)$$

解得 $T_{m,o} \approx 320$。

在燃气热水器点火后，达到稳态时出水温度约为 47 ℃。从理论上讲，要达到稳态时的温度，需要的时间无穷大。调节燃气热水器的热水出口温度分别为 45 ℃、50 ℃、55 ℃、60 ℃、65 ℃，根据上述积分方程可以分别算出达到稳态时浴室热水管的稳态出水温度，结果列于表 2-3 中。可以看出，浴室热水管的稳态出水温度和燃气热水器的热水出口温度呈线性关系。

表 2-3　浴室热水管的稳态出水温度随燃气热水器的热水出口温度的变化

燃气热水器的热水出口温度/℃	45	48	50	55	60	65
浴室热水管的稳态出水温度/℃	44.1	47	48.9	53.7	58.5	63.3

由式(2-48)可知，改变积分的上限值，可得到水管内任意一处的水温。管道坐标 x 处的温度和坐标值 x 呈指数关系，为求出非稳态时的水温提供了很好的范本：

$$T_{m,x} = (T_{m,i} - T_s)\exp\left(-\frac{x}{\dot{m}_o c_p R'_{\text{tot}}}\right) + T_s \qquad (2-58)$$

3. 从热水管中的冷水排净开始非稳态时的热传导

在打开燃气热水器后，将热水管中的冷水刚好排净的时间记为起始时间 $t=0$（排净冷水的时间 $t_0 = L/\omega$）。为了求出非稳态时出水温度随时间变化的函数，引入平均温度的概念。平均温度是指对于管道坐标 x 处的温度 $T(x)$，从 0 到 L 对整个管长进行积分，再除以管长 L：

$$\bar{T} = \frac{1}{L}\int_0^L T(x)\,\mathrm{d}x \qquad (2-59)$$

<<<< -

根据式(2-58),设 t 时刻沿管道长度方向的水温可以表示为

$$T(x) = a \cdot \mathrm{e}^{-\beta x} + b \qquad (2-60)$$

则由已知条件 $x=0$ 时 $T(x)=321$,即 $a+b=321$,β 一定时 $\lim\limits_{x \to \infty} a \cdot \mathrm{e}^{-\beta x} + b = b$,其意义为当管道无限长时,在任意有限时刻 t,水管的出水温度为室温 298 K,可得 $b=298$,$a=23$。 那么温度公式可以写为 $T(x)=23\mathrm{e}^{-\beta x}+298$,$T_L = 23\mathrm{e}^{-10\beta}+298$。

平均温度的表达式为

$$\bar{T} = \frac{1}{L} \int_0^L T(x)\mathrm{d}x = \frac{1}{10} \int_0^{10} (23\mathrm{e}^{-\beta x} + 298)\mathrm{d}x = \frac{2.3(1-\mathrm{e}^{-10\beta})}{\beta} + 298$$

$$(2-61)$$

式中,指数函数的系数为时间 t 的函数,可记为 $\beta=f(t)$,或其反函数 $t=f^{-1}(\beta)$。

对于从燃气热水器出水口到浴室水龙头这段水管,从打开燃气热水器到冷水刚好排净,再到达到稳态,水管内的平均温度是不断增加的。那么取整段水管为微元控制容积,根据能量守恒定律,可得

$$\dot{E}_{\mathrm{st}, L} = \dot{E}_{\mathrm{in}, L} - \dot{E}_{\mathrm{out}, L} - q_{\mathrm{conv}, L} \qquad (2-62)$$

式中　$\dot{E}_{\mathrm{st}, L}$——单位时间内整段水管中水的能量的增量,J;

　　　$\dot{E}_{\mathrm{in}, L}$——单位时间内从燃气热水器流入管道的水的热量,J;

　　　$\dot{E}_{\mathrm{out}, L}$——单位时间内从浴室水龙头流出的水的热量,J;

　　　$q_{\mathrm{conv}, L}$——单位时间内整段水管中的水向外传递的热量,J。

将式(2-61)写成微分的形式:

$$\frac{\frac{1}{4}\pi D_{\mathrm{i}}^2 L \rho_{\mathrm{o}} c_p \mathrm{d}\bar{T}}{\mathrm{d}t} = \dot{m}_{\mathrm{o}} c_p (T_0 - T_L) - \frac{\bar{T} - T_{\mathrm{s}}}{R'_{\mathrm{tot}}/L} \qquad (2-63)$$

式中　T_0——燃气热水器的设定出水温度,K,根据前面取 321 K;

　　　T_L——浴室水龙头的出水温度,K,$T_L = 23\mathrm{e}^{-10\beta}+298$;

　　　T_{s}——大气环境温度,K,根据前面取 298 K。

代入已知数据,分离变量并简化,得到

$$\frac{\mathrm{d}t}{\mathrm{d}\beta}=\frac{42\,891.7(10\beta-\mathrm{e}^{10\beta}+1)}{(11\,808.3\beta^2-52.3\beta)(\mathrm{e}^{10\beta}-1)} \tag{2-64}$$

式中,边界条件由 $T_L=23\mathrm{e}^{-10\beta}+298$ 来确定:当 $t=0$ 时, $T_L=298$,因此 $\beta\to\infty$;当 $t\to\infty$ 时, $T_L=320$,因此 $\beta=0.004\,45$ 。

微分方程(2-64)等号右边为非初等函数,无法用常规的方法或者数学软件进行积分,考虑采用插值拟合的方法在一定区域内求近似解。将式(2-64)看成是 $t=f^{-1}(\beta)$ 的导数,即 $t'=\dfrac{\mathrm{d}t}{\mathrm{d}\beta}=f^{-1\prime}(\beta)$,在区间 $[0.01,\,0.2]$ 内取 18 个数,代入式(2-64),得到与 t' 相对应的 18 个值。以 β 为横坐标、$-\dfrac{\mathrm{d}t}{\mathrm{d}\beta}$ 为纵坐标,绘制得到的曲线如图 2-14 所示。用 Excel 软件进行曲线拟合,得到的在区间 $[0.01,\,0.2]$ 内的模拟曲线方程为 $y=8.324x^{-1.266}$,拟合优度 $R^2=0.998\,1$,即在此区间内,误差小于 0.2% 。那么式(2-64)可以简化为

$$\frac{\mathrm{d}t}{\mathrm{d}\beta}=-8.324\beta^{-1.266} \tag{2-65}$$

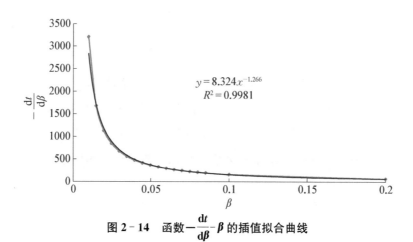

图 2-14 函数 $-\dfrac{\mathrm{d}t}{\mathrm{d}\beta}-\beta$ 的插值拟合曲线

对式(2-65)积分,可得

$$t=31.3\beta^{-0.266}+C \tag{2-66}$$

由初始条件 $\beta\to\infty$, $t=0$,得到 $C=0$ 。 那么 $t=f^{-1}(\beta)$ 可以表示为

$$t=31.3\beta^{-0.266} \tag{2-67}$$

<<<< -

求反函数,得到 $\beta = f(t)$,则

$$\beta = \left(\frac{31.3}{t}\right)^{3.76} \tag{2-68}$$

代入温度公式 $T_{L(48\,℃)} = 23\mathrm{e}^{-10\beta} + 298$,得

$$T_{L(48\,℃)} = 23\mathrm{e}^{-10\beta} + 298 = 23 \times \exp\left[-10 \times \left(\frac{31.3}{t}\right)^{3.76}\right] + 298$$

$$\tag{2-69}$$

用同样的方法可计算出当燃气热水器的设定出水温度分别为 45 ℃、50 ℃、55 ℃时,浴室热水管中冷水排净后出水温度随时间变化的函数关系。在 45 ℃、50 ℃、55 ℃时,可得到和式(2-69)相似的方程。通过求模拟解的方法求出浴室热水管出水温度变化的函数:

$$T_{L(45\,℃)} = 20\mathrm{e}^{-10\beta} + 298 = 20 \times \exp\left[-10 \times \left(\frac{31.3}{t}\right)^{3.76}\right] + 298$$

$$\tag{2-70}$$

$$T_{L(50\,℃)} = 25\mathrm{e}^{-10\beta} + 298 = 25 \times \exp\left[-10 \times \left(\frac{31.3}{t}\right)^{3.76}\right] + 298$$

$$\tag{2-71}$$

$$T_{L(55\,℃)} = 30\mathrm{e}^{-10\beta} + 298 = 30 \times \exp\left[-10 \times \left(\frac{31.3}{t}\right)^{3.76}\right] + 298$$

$$\tag{2-72}$$

上述关系式就是浴室热水管出水温度随时间变化的函数。$t=0$ 时刻为热水管中的冷水刚好排净的时刻,以时间为横坐标、热水管出水温度为纵坐标,热水管出水温度随时间变化的曲线见图 2-15。

由图 2-15 可知,热水管出水温度随时间变化的曲线与实际情况吻合得很好。0~40 s 为蓄热期,热水管出水温度始终保持在 25 ℃,并且几乎没有变化;40~100 s 为升温期,热水管出水温度急剧上升,达到接近于稳态出水温度的水平;100 s 以后为稳定期,热水管出水温度缓慢上升,无限接近于稳态出水温度。由图 2-15 可以看出,提高燃气热水器的设定出水温度并不能改变蓄热期的时间,但是能够显著改变升温期的升温速率,从而较快地达到沐浴所需的最低温度。

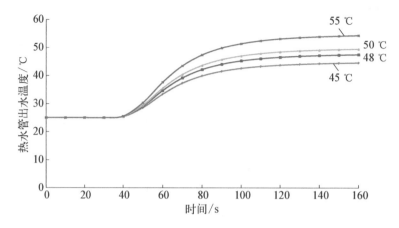

图 2‑15 热水管出水温度随时间变化的曲线

根据式(2‑58),当 t 一定时,也可以求得热水管内任意一处的温度(以 48 ℃为例):

$$T(x)=(T_0-T_s)\times \exp\left[-x\times\left(\frac{41.4}{t}\right)^{4.4843}\right]+298 \qquad (2-73)$$

当达到稳态时,平均温度不再变化,则有 $\dfrac{\mathrm{d}\overline{T}}{\mathrm{d}t}=0$,那么式(2‑63)变化为

$$\dot{m}_o c_p(T_0-T_L)=\frac{\overline{T}-T_s}{R'_{\text{tot}}/L} \qquad (2-74)$$

求得 $\beta=0.00445$,则热水管出水温度为 47 ℃,与稳态时计算的结果吻合得很好。

2.3.2 热水"零等待"优化设计

由式(2‑69)~式(2‑72)和图 2‑15 可以看出,将热水管中的冷水排净后还需等待 40 s,水温才会明显上升,如果加上排净冷水的时间,那么等待时间会更长。排净冷水的时间为 $10\div 0.2752=36.3(\text{s})$。 也就是说,打开浴室水龙头,需要等待 $36.3+40=76.3(\text{s})$,水温才开始明显上升。此过程放掉的水的质量为 $0.123\times 76.3\approx 9.38(\text{kg})$。 由此可见,不仅等待时间长,水的浪费情况也是很惊人的。

为了缩短等待时间,从缩短蓄热期入手,可在热水管外壁包裹一层保温材料。为了不浪费水,可在燃气热水器进水口安装一个热水循环泵,并增加一个回水管(当然这两种方法仅限于对新建的或者新装修的房屋进行改善,对于装修好的房屋,可以增加一个热水蓄水器,后文中会加以讨论),如图 2 - 16 所示。

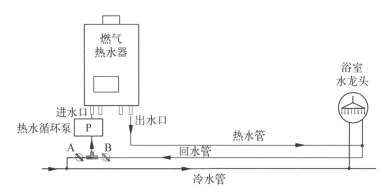

图 2 - 16 增加热水循环泵的燃气热水器供水系统示意图

由图 2 - 16 可知,增加热水循环泵后该系统的操作方法如下:用水前打开热水循环泵,水泵 P 自动检测进入其中的水温,若水温低于设定温度,则阀门 A 关闭,阀门 B 打开,热水管和回水管及燃气热水器形成一个闭合的回路(图中红线形成的回路),水在水泵 P 的作用下按图示方向循环流动,同时打开燃气热水器,加热回路中的水直到水泵 P 检测到回水管内的水温达到设定温度,那么阀门 B 关闭,阀门 A 打开,水路不再循环,之后冷水从阀门 A 进入燃气热水器,热水从燃气热水器出水口流出,此时打开浴室水龙头即可得到需要的热水。

设浴室出水管在整个热水管路的最末端(离燃气热水器最远),那么增加的回水管也从热水管路的最末端开始铺设,长度为 10 m。由于燃气热水器的设定出水温度保持不变,始终为 48 ℃,因而可以看出,在没有增加管道保温材料的情况下,增加热水循环泵之后的等待时间取决于热水循环泵的抽水速率。若抽水速率 $\dot{m} > \dot{m}_0$,则等待时间会缩短;若抽水速率 $\dot{m} = \dot{m}_0$,则等待时间不变,也应该为 76.3 s,但避免了水的浪费,在等待 76.3 s 之后,打开浴室水龙头即可得到热水。

如在热水管外壁包裹一层保温材料[假设保温材料为膨胀珍珠岩散料,其导热系数为 0.021 W/(m·K)[23]],由于保温材料的导热系数足够小,因而可

视为绝热[28-30]。对于钢管而言，有

$$Bi = \frac{\bar{h}\delta}{k_i} = \frac{1\,653 \times (0.03 - 0.024)}{2 \times 49.8} \approx 0.099\,6 \qquad (2-75)$$

式中　Bi——热水管传热的毕奥数，无量纲；

　　　δ——水管壁厚度，m。

　　由于 $Bi \leqslant 0.1$，因而 2.3.1 节中的非稳态热传导推论将不再适用，可采用集中参数法（集总热容法）对热水管传热进行分析[25-28]。由于水管壁的厚度比其内、外径和长度小得多，因而可合理地认为传热只发生在径向上，轴向传热可忽略不计。同时，根据集总热容法的算法要求，任意管道坐标 x 的轴、径向上以及管内壁和外壁之间任一处为同一温度，无温度梯度。

　　如图 2-17 所示，在打开燃气热水器时，取最先流出的一段微小水柱 Δx_1 进行分析。当水柱 Δx_1 从热水管起始端流到浴室水龙头末端时，Δx_1 所接触的管壁温度始终为 25 ℃，但由于水柱 Δx_1 不停地和管壁进行换热，因而导致其温度不断降低。设 t 时刻水柱 Δx_1 的温度为 T_{t1}，那么有

$$-\bar{h}A_s(T_{t_1} - T_s) = \frac{dU}{dt} = \rho_o V c_p \frac{dT_{t_1}}{dt} \qquad (2-76)$$

式中　A_s——水柱 Δx_1 与管内壁接触的环面积，m^2；

　　　U——水柱 Δx_1 的热能，J；

　　　V——水柱 Δx_1 的体积，m^3。

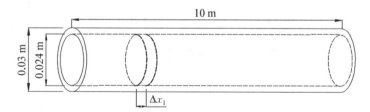

图 2-17　增加管道保温材料的热水管传热分析示意图

式(2-76)进一步细化为

$$-\bar{h}\pi D_i \Delta x_1 (T_{t_1} - 298) = \rho_o \times \frac{1}{4}\pi D_i^2 \Delta x_1 c_p \frac{dT_{t_1}}{dt} \qquad (2-77)$$

整理得

$$-\bar{h}(T_{t_1} - 298) = 0.25\rho_o D_i c_p \frac{\mathrm{d}T_{t_1}}{\mathrm{d}t} \tag{2-78}$$

积分得

$$\int_0^{t_\Delta} \frac{-\bar{h}}{0.25\rho_o D_i c_p} \mathrm{d}t = \int_{T_0}^{T_{\Delta 1}} \frac{\mathrm{d}T_{t_1}}{(T_{t_1} - 298)} \tag{2-79}$$

式中　t_Δ——水柱 Δx_1 从热水管起始端流到浴室水龙头末端所需时间,s,为
　　　　36.3 s;

　　　　$T_{\Delta 1}$——水柱 Δx_1 从热水管起始端流到浴室水龙头末端时的温度,K;

　　　　T_0——水柱 Δx_1 的起始温度,K,为 321 K。

　　式(2-79)进一步简化为

$$\frac{-\bar{h}}{0.25\rho_o D_i c_p} t_\Delta = \ln \frac{T_{\Delta 1} - 298}{T_0 - 298} \tag{2-80}$$

代入数据,得到

$$T_{\Delta 1} = 23\mathrm{e}^{-2.445} + 298 \approx 300 \tag{2-81}$$

　　可以看出,在热水管外壁包裹一层保温材料后,打开燃气热水器,当放掉所有的冷水时(36.3 s),理论上热水管出水温度会立即上升到 27 ℃,此后进入升温期,热水管出水温度会迅速上升,而不会像图 2-15(未加管道保温材料)那样有一个蓄热期,大大节省了等待时间,减少了流水浪费。在安装热水循环泵之后,在抽水速率和热水管水流率相同的情况下,只需等待 36.3 s 后打开浴室水龙头,即可迅速得到热水,而且不会因放水造成浪费。

2.3.3　结论

　　基于本节的计算结果,要缩短热水等待时间,节约流水,甚至实现热水“零等待”,可以从以下六种方法入手:(1)提高燃气热水器出水温度;(2)在浴室里加装热水蓄水装置;(3)将燃气热水器安装在浴室附近;(4)在热水管上加装保温材料和加装热水循环泵;(5)加大热水循环泵的抽水速率;(6)彻底实现热水“零等待”,需热水循环泵全时段运行,不用水时保持燃气热水器开启和

热水管内的水循环。

以上六种方法均可提高出水热效率。对于新建的或者新装修的房屋,可以采用(4)(5)(6)三种方法提高出水热效率,缩短热水等待时间。对于老旧住宅或者装修好的已有家用燃气系统的房屋,除采用(1)(2)(3)三种方法提高出水热效率外,比较好的方法是在浴室里装一个小型速热型电热水器(图2-18)。在打开燃气热水器时,电热水器首先检测进入该热水器的水温,若水温低于设定温度(如42 ℃),则电热水器开始工作,此时出水即热。直到电热水器检测到燃气热水器经热水管输入的热水温度达到42 ℃,电热水器关闭,此时直接使用燃气热水器送来的热水,实现热水"零等待"。此方法在燃气价格低于同等热力的电价时比较实用,而当燃气价格高于同等热力的电价时,直接使用电热水器比较实用。

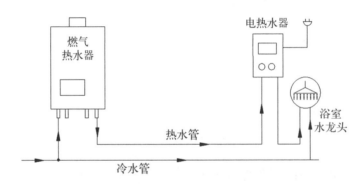

图2-18 燃气热水器和小型速热型电热水器匹配使用示意图

出于安全性和对每个卧室卫生间供热水的统筹性考虑,燃气热水器普遍安装在厨房。在南方地区,由于一年四季的平均温度较高,因而很少有楼盘在给排水系统中对热水管包裹保温材料,有的甚至没有安装热水循环系统。本节通过理论模拟计算,得出给热水管加装保温材料和给燃气热水器加装热水循环泵的经济性和重要性,其亮点在于:

(1) 建立了从打开燃气热水器到稳态传热时水管热传导的数学模型,建立了微元控制容积传热的微分方程,得到了稳态出水温度表达式;

(2) 建立了从打开燃气热水器开始的非稳态水管热传导的数学模型,推导出热水管出水温度的微分方程,并用插值拟合的方法对该非初等函数进行了积分求解,得出热水管出水温度随时间变化的函数,和实际情况非常吻合;

<<<< --------------------------------------

（3）用微积分的方法计算了在包裹绝热保温材料的情况下的浴室用水出热水的等待时间和经济性比较；

（4）分析了在同时使用管道保温材料和热水循环泵的情况下的节水情况和热水等待时间的缩短情况，表明热水循环泵在增大抽水速率的同时，能够大大减少热水使用的等待时间；

（5）提出实现热水"零等待"的最终解决方案。

2.4 燃气热水器氮氧化物排放计算与分级燃烧优化

随着我国经济的发展和人们生活水平的提高，城市燃气在民用燃具中得到越来越广泛的应用。而民用燃具的通用燃烧形式为部分预混式燃烧，其氮氧化物的生成不能被很好控制，使得各种民用燃具成为室内环境污染的一类主要污染源。另外，我国现在没有针对民用燃具氮氧化物排放制定强制性规范。低氮氧化物燃烧技术在民用燃具中的应用相对落后，同时人们逐渐认识到氮氧化物的危害，因此有必要深入研究低氮氧化物燃烧技术在民用燃具中的应用[31-33]。氮氧化物具有多种形式，但由于产生并成为污染物的主要是 NO 和 NO_2，因而本节中统称为 NO_x。

我国标准《家用燃气快速热水器》附录中对燃气快速热水器 NO_x 排放进行了 5 级划分，主要参照欧洲标准（表 2-4），目前市场上销售的燃气快速热水器的 NO_x 排放水平基本上在 1 级与 2 级之间。随着对 NO_x 排放控制要求的强化，NO_x 排放将成为燃气快速热水器一个强制性指标，因此应加强对低 NO_x 燃气热水器的开发。

表 2-4 欧洲对燃气热水器 NO_x 排放浓度的限制

排放等级	1	2	3	4	5
NO_x 的极限排放浓度/%	0.020 8	0.016 0	0.012 0	0.008 0	0.005 6

燃料分级燃烧是指用燃料作为还原剂来还原燃烧产物中的 NO_x，其过程

如下：$80\%\sim85\%$ 的燃料从燃烧器进入一级燃烧区，在贫燃料条件下燃烧并生成 NO_x，其余 $15\%\sim20\%$ 的燃料通过燃烧器的上部喷入二级燃烧区，在富燃料条件下形成还原性很强的气氛，使得在一级燃烧区生成的 NO_x 在二级燃烧区内被大量地还原成氮气，同时在二级燃烧区还抑制新的 NO_x 生成。与空气分级燃烧相比，燃料分级燃烧需要在二级燃烧区上面布置"火上风"，以形成三级燃烧区，保证燃料完全燃烧。二级燃料应采用燃烧时产生大量的烃而不含氮的燃料，实际上，天然气是最有效的二级燃料。通常，应用燃料分级燃烧技术可使 NO_x 的排放浓度降低 50% 以上[33-35]。

2.4.1 传统燃气热水器氮氧化物排放量

图 2-19 是传统燃气热水器的基本构造图，加热主要在主换热器和冷凝器这两个区域进行。冷水进入燃气热水器后，首先和天然气燃烧后产生的烟气进行热交换，目的是对天然气燃烧余热的利用，经初步预热的水经小幅度升温后进入主换热器，主换热器位于燃烧区上方，水在此被充分加热后经热水管流出燃气热水器。从燃烧角度看，在风机的作用下，天然气和空气充分混合后进入燃烧区燃烧，之后在风机的作用下通过冷凝器进入排气管排出。由于燃气热水器属于抽风强排式构造，燃烧剧烈，燃烧温度高，因而很容易产生过量的 NO_x，直接排出窗外。虽然就个别燃气热水器而言，排放的 NO_x 相对较少，但是燃气热水器的用户数多，累计起来排放的 NO_x 就不容忽视了。

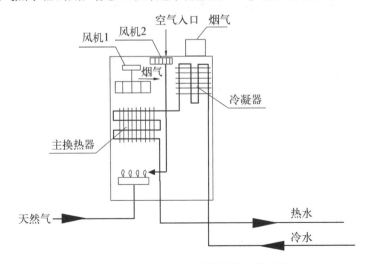

图 2-19　传统燃气热水器的基本构造图

<<<< --

甲烷燃烧的化学方程式为

$$CH_4 + 2O_2 = CO_2 + 2H_2O \tag{2-82}$$

为计算传统燃气热水器氮氧化物排放量,需做以下假设:

(1) 空气只由氧气和氮气组成,其体积百分比分别为 21% 和 79%;

(2) 反应进行完全,产生的氮氧化物全部为 NO(NO₂ 的量以 NO 计);

(3) 反应均在标准状态下进行,燃烧室内大气压为 0.1 MPa;

(4) 反应所产生热量约 80% 传递给生成物,增加其焓值。

从式(2-82)中可以看出,1 mol 天然气完全燃烧需 2 mol 氧气,供给的空气的物质的量为 $2 \div 21\% \approx 9.524$(mol),故空气中氮气的物质的量为 $9.524 - 2 = 7.524$(mol)。

1. 燃烧温度的确定

为计算传统燃气热水器氮氧化物(NO)排放量,必须先计算燃气热水器中燃烧室的燃烧温度。甲烷燃烧的化学方程式变为

$$CH_4(g) + 2O_2(g) + 7.524N_2(g) = CO_2(g) + 2H_2O(g) + 7.524N_2(g)$$
$$\tag{2-83}$$

式中,CH_4、O_2 为反应物,始态温度 $T_1 = 298$ K;CO_2、H_2O 为生成物(N_2 是空气的主要成分之一,不参加反应),终态温度为 T_G,待求。

设:

$$\overline{C}_{p1} = \sum \gamma_{1i} \overline{C}_{p1i} \tag{2-84}$$

$$\overline{C}_{p2} = \sum \gamma_{2i} \overline{C}_{p2i} \tag{2-85}$$

式中　$\overline{C}_{p1}$——反应物总的平均摩尔热容,$J/(mol \cdot K)$;

$\overline{C}_{p2}$——生成物总的平均摩尔热容,$J/(mol \cdot K)$;

γ_{1i}——反应物中某种物质的计量数;

$\overline{C}_{p1i}$——反应物中相应物质的平均摩尔热容,$J/(mol \cdot K)$;

γ_{2i}——生成物中某种物质的计量数;

$\overline{C}_{p2i}$——生成物中相应物质的平均摩尔热容,$J/(mol \cdot K)$。

因为反应在常温、常压下进行(虽然反应在燃烧室内进行,但是燃烧室不是密封的,有良好的进气系统和排气系统,因此可看成反应在敞开系统中进

行,为定压过程),所以利用物质的比热容,即可计算出燃烧所能达到的最高温度,该温度称为理论燃烧温度 T_G。为求 T_G,需做以下假设:

(1) 反应放出的热量能及时传出,反应放出的热量约 80% 传递给生成物,使其温度升高。反应放出的热量 $Q_{p,T_1} = \Delta H_{T_1}$,然后将生成物的温度从 T_1 提高到 T_G,此过程中生成物吸收的热量为 $\overline{C}_{p2}(T_G - T_1)$,则整个反应过程的热效应为 $Q_{p,T_1} + \overline{C}_{p2}(T_G - T_1)$;

(2) 反应产生痕量的 NO,以至于可以认为整个反应过程只有反应(2-83)发生,产生 NO 的反应对于热量的贡献可以忽略不计;

(3) 先将反应物的温度从 T_1 提高到 T_G,此过程中反应物吸收的热量为 $\overline{C}_{p1}(T_G - T_1)$,然后使反应在温度 T_G 下进行,反应放出的热量 $Q_{p,T_G} = \Delta H_{T_G}$,则整个反应过程的热效应为 $Q_{p,T_G} + \overline{C}_{p1}(T_G - T_1)$。

由于始、终态相同,根据盖斯定律,则

$$Q_{p,T_1} + \overline{C}_{p2}(T_G - T_1) = Q_{p,T_G} + \overline{C}_{p1}(T_G - T_1) \qquad (2-86)$$

令 $\Delta T = T_G - T_1$,式(2-86)可写为

$$Q_{p,T_G} - Q_{p,T_1} = \Delta H_{T_G} - \Delta H_{T_1} = \overline{C}_{p2}\Delta T - \overline{C}_{p1}\Delta T \qquad (2-87)$$

等号两边同时除以 ΔT,得到

$$\frac{Q_{p,T_G} - Q_{p,T_1}}{\Delta T} = \frac{\Delta H_{T_G} - \Delta H_{T_1}}{\Delta T} = \overline{C}_{p2} - \overline{C}_{p1} \qquad (2-88)$$

令 $\Delta T \to 0$,根据导数的定义,有

$$\left(\frac{\partial Q_p}{\partial T}\right)_p = \left(\frac{\partial \Delta H}{\partial T}\right)_p = \Delta\sum \gamma_i \overline{C}_{pi} \qquad (2-89)$$

积分得到

$$Q = \int_{T_1}^{T_G} \sum \gamma_i \overline{C}_{pi}\, \mathrm{d}T \qquad (2-90)$$

当热容量取平均值,$T_1 = 298\ \mathrm{K}$,$T_0 = 273\ \mathrm{K}$ 时,式(2-90)可以写成

$$Q_{p, 298\,K} = \sum \gamma_i \overline{C}_{pi, T_0}^{T_G} \times T_G - \sum \gamma_i \overline{C}_{pi, T_0}^{T_1} \times T_1 \qquad (2-91)$$

查气体物质的标准摩尔热容(表 2-5),计算得到甲烷在标准状态下的理论燃烧热为 890 310 J/mol。热量的 80% 用于加热生成物,查物性数据表并根据二氧化碳、氮气和水蒸气的数据,则式(2-91)可表示为

$$(\overline{C}_{p(CO_2), T_0}^{T_G} + 7.524\overline{C}_{p(N_2), T_0}^{T_G} + 2\overline{C}_{p(H_2O), T_0}^{T_G}) \times T_G$$
$$= 890\,310 \times 80\% = 712\,248(J/mol) \qquad (2-92)$$

表 2-5　气体物质的标准摩尔热容

物　质	$\overline{C}_{p(CO_2), T_0}^{T_G} = a + bT_G + cT_G^2$		
	$a/[J/(mol \cdot K)]$	$10^3 b/[J/(mol \cdot K^2)]$	$10^6 c/[J/(mol \cdot K^3)]$
CO_2	26.75	42.258	−14.25
N_2	27.32	6.226	−0.950 2
$H_2O(g)$	29.16	14.49	−2.022
CH_4	14.15	75.496	−17.99

基于表 2-4 中气体物质的定压摩尔热容,最终可以求出方程(2-92)的解为 $T_G = 1\,908$ K。

2. 氮氧化物排放量的确定

燃气热水器中燃烧室内温度的平均值为 $T_G = 1\,908$ K。由天然气燃烧生成氮氧化物的原理可知,产生的氮氧化物主要是热力型氮氧化物。它是空气中的氮气在高温下经氧化生成的,可用捷里道维奇关于生成速率或生成浓度的表达式表示:

$$\frac{d[NO]}{dt} = 3 \times 10^{14}[N_2][O_2]^{0.5} \exp\left(-\frac{542\,000}{RT}\right) \qquad (2-93)$$

式中　$[NO]$——NO 的浓度,mol/m³;

　　　t——燃烧时间,s;

　　　$\dfrac{d[NO]}{dt}$——NO 的生成速率,mol/(m³ · s);

[N₂]——N₂ 的浓度，mol/m^3；

[O₂]——O₂ 的浓度，mol/m^3；

R——摩尔气体常数，$J/(mol \cdot K)$，取 $8.314\ J/(mol \cdot K)$；

T——燃烧温度，K。

设燃烧室容积为 $V(m^3)$，空气中氧气和氮气的占比分别为 21％ 和 79％，甲烷的供给速率为 $Q(mol/s)$。为使燃烧温度达到最高，空气按照甲烷的燃烧需求供给，即氧气的供给速率为 $2Q(mol/s)$，氮气的供给速率为 $7.524Q(mol/s)$，而甲烷的燃烧速率和供给速率相同，为 $Q(mol/s)$。假设燃烧室内燃烧按照一个循环接一个循环完成，那么甲烷燃烧必然非常快，可假设在 0.1 s 内燃烧掉输入甲烷总量的 99％。

根据反应(2-83)，刚开始燃烧时甲烷、氧气、氮气所占的体积之比为 1：2：7.524，那么三者的体积分别为

$$V_{CH_4} = \frac{V}{10.524} \approx 0.095V, \quad V_{O_2} = \frac{2V}{10.524} \approx 0.19V, \quad V_{N_2} = \frac{7.524V}{10.524} \approx 0.715V$$

$$(2-94)$$

燃烧室内、外相通，可认为反应在 1 个标准大气压下进行，则燃烧室内气体总的物质的量为

$$n_0 = \frac{pV}{RT} = \frac{100 \times 10^3}{8.314 \times 1\,908} mol/m^3 \cdot V \approx 6.3\ mol/m^3 \cdot V \quad (2-95)$$

式中 n_0——燃烧室内气体总的物质的量，mol；

p——燃烧室内气体压力，MPa，取 0.1 MPa；

V——燃烧室容积，m^3。

氧气和氮气的浓度分别为

$$[O_2]_0 = \frac{6.3V \times 0.19}{V} = 1.197(mol/m^3)$$

$$(2-96)$$

$$[N_2]_0 = \frac{6.3V \times 0.715}{V} \approx 4.505(mol/m^3)$$

初始时甲烷、氧气、氮气的体积比为 1：2：7.524，假设燃烧持续进行，天然气和空气持续通入燃烧室内，那么可以认为燃烧室内除天然气和氧气外各

<<<< ------------------------

种气体保持一定浓度不变。

根据燃烧规律,氧气浓度越高,甲烷燃烧就越快,那么可以设氧气浓度和时间呈指数函数关系。假设氧气浓度为

$$[O_2]=[O_2]_0 e^{-kt}=1.197 e^{-kt} \tag{2-97}$$

根据式(2-93)、式(2-96)和式(2-97),那么

$$d[NO]=3 \times 10^{14} \times 4.505 \times \sqrt{1.197 e^{-kt}} \exp\left(-\frac{542\,000}{RT}\right) dt \tag{2-98}$$

积分得到

$$[NO]=2.14 \int_0^t e^{-0.5kt} dt=\frac{4.28}{k}(1-e^{-0.5kt}) \tag{2-99}$$

假设燃烧室内氧气浓度迅速降低,在 $t=0.1$ s 内降低至初始浓度 $[O_2]_0$ 的 1%,那么

$$\frac{[O_2]_{0.1}}{[O_2]_0}=e^{-0.1k}=0.01 \tag{2-100}$$

得到 $k \approx 46.05$,

$$[NO]=\frac{4.28}{46.05} \times (1-e^{-0.5 \times 0.1 \times 46.05}) \approx 8.36 \times 10^{-2} (mol/m^3) \tag{2-101}$$

设燃烧室容积为 1 L(0.001 m³),每个燃烧循环产生的 NO 的物质的量为

$$N_{NO}=[NO]V=8.36 \times 10^{-5} \text{ mol} \tag{2-102}$$

那么 NO 的排出速率 $\overline{N}_{NO}=\dfrac{N_{NO}}{t}=8.36 \times 10^{-5} \div 0.1=8.36 \times 10^{-4} (mol/s)$。

假设 O_2 完全消耗完毕,那么 CO_2 的排出速率为

$$\overline{N}_{CO_2}=\frac{6.3V \times 0.095 \times 10^{-3}}{V \times 0.1} \approx 5.98 \times 10^{-3} (mol/s) \tag{2-103}$$

$H_2O(g)$ 的排出速率为

$$\bar{N}_{H_2O} = \frac{[O_2]_0}{t} = \frac{6.3V \times 0.19 \times 10^{-3}}{V \times 0.1} \approx 1.20 \times 10^{-2}(\text{mol/s})$$

$$(2-104)$$

N_2 的排出速率为

$$\bar{N}_{N_2} = \frac{[N_2]_0 V}{t} - \frac{\bar{N}_{NO}}{2} = \frac{4.505 \times 10^{-3}}{0.1} - 0.5 \times 8.36 \times 10^{-4}$$

$$= 4.46 \times 10^{-2}(\text{mol/s})$$

$$(2-105)$$

根据相关文献进行粗略估计,一级燃烧区燃烧后的气体混合物与主换热器换热后,气体温度降到 600 K,然后排出窗外。传统燃气热水器排烟口排出气体的种类及速率如表 2-6 所示。

表 2-6 传统燃气热水器排烟口排出气体的种类及速率

排出气体种类	N_2	$H_2O(g)$	CO_2	NO
排出气体速率/(mol/s)	4.46×10^{-2}	1.20×10^{-2}	5.98×10^{-3}	8.36×10^{-4}

2.4.2 分级燃烧式燃气热水器氮氧化物排放量

1. 分级燃烧式燃气热水器的工作原理

分级燃烧式燃气热水器的基本构造如图 2-20 所示。该方案采用天然气分级燃烧技术(二级),天然气和等量空气在风机的作用下进入燃气热水器一级燃烧区,并在脉冲电子打火下点燃。主换热器被加热,一级燃烧区燃尽的尾气在风机的作用下进入还原区,小计量天然气经燃气软管从燃气热水器外进入还原区,其中一级燃烧区中的氮氧化物与高温下进入还原区的小计量天然气发生氧化还原反应,氮氧化物被还原成氮气,然后混合气体在二级燃烧区被再次点燃,此时由于可燃气体量和助燃气体量均比较小,因而燃烧温度比一级燃烧区低很多,基本上不再产生氮氧化物,二级燃烧区的高温燃烧气体和流进次换热器的预热水进行热交换。最后在风机的作用下,烟气经过含有冷水的冷凝器进行热交换,降温后排出窗外。

一级燃烧区燃烧后的气体混合物在风机的作用下进入还原区,此区由橡皮管通入少量的天然气(流量约为一级燃烧区燃料流量的十分之一),此时在

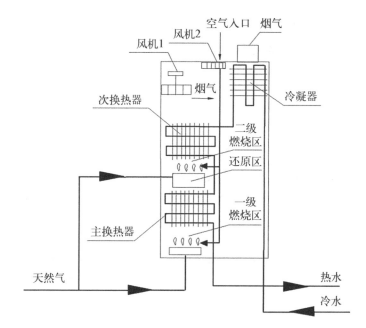

图 2-20 分级燃烧式燃气热水器的基本构造图

高温条件下,一级燃烧区产生的氮氧化物 NO 被天然气还原成 N_2,主要反应机理[36-38]为

$$4NO + CH_4 \longrightarrow 2N_2 + CO_2 + 2H_2O \qquad (2\text{-}106)$$

$$2NO + 2C_nH_m + (2n + 0.5m - 1)O_2 \longrightarrow N_2 + 2nCO_2 + mH_2O \qquad (2\text{-}107)$$

$$2NO + 2CO \longrightarrow N_2 + 2CO_2 \qquad (2\text{-}108)$$

2. 还原区温度的确定

为计算甲烷还原氮氧化物后的温度,需做以下假设:

(1) 天然气只含有 CH_4 一种气体,其他烷烃等可忽略不计,那么可忽略式(2-107);

(2) 天然气在燃烧室内完全燃烧,不产生 CO,那么式(2-108)可忽略不计;

(3) 在分级燃烧式燃气热水器还原区,主要通过式(2-106)还原产生的 NO,则还原 1 mol NO 需要 0.25 mol CH_4;

(4) 向还原区通入 CH_4 的量为主燃烧区产生的 NO 量的 10 倍,即向还原

区通入天然气量为 $10\overline{N}_{NO}=8.36\times10^{-3}$ mol/s。

甲烷还原氮氧化物的反应:

$$4NO+CH_4 \underset{k_2}{\overset{k_1}{\rightleftharpoons}} 2N_2+CO_2+2H_2O \qquad \Delta H=-1\,160 \text{ kJ/mol}$$

$$(2-109)$$

式(2-109)是一个平衡反应,假设反应常数 $k_1 \gg k_2$,那么可认为氮氧化物在还原区全部被还原转化为氮气,之后反应混合物进入二级燃烧区。根据表 2-5 中的数据和反应所需的甲烷的物质的量,可计算还原区内反应前、后各种气体物质流量的具体数值,如表 2-7 所示。

表 2-7 还原区内氮氧化物被甲烷还原前、后各种气体物质的流量

还原区物质	N_2	$H_2O(g)$	CO_2	NO	CH_4	温度
还原前物质流量 /(mol/s)	44.6×10^{-3}	12×10^{-3}	5.98×10^{-3}	0.836×10^{-3}	8.36×10^{-3}	$T_2=600$ K
还原后物质流量(进入二级燃烧区的物质流量) /(mol/s)	45.02×10^{-3}	12.42×10^{-3}	6.19×10^{-3}	0	8.15×10^{-3}	T_{G2}

$$\overline{N}_{CH_4}=8.36\times10^{-3}-0.25\times8.36\times10^{-4}\approx8.15\times10^{-3}(\text{mol/s})$$

$$(2-110)$$

式(2-109)是一个放热反应,还原区初始温度 $T_2=600$ K,氮氧化物被还原后的温度为 T_{G2},可根据式(2-91)计算出在还原区氮氧化物经甲烷还原后的温度:

$$Q_{p,600\text{ K}}=\sum \gamma_i \overline{C}_{pi,T_0}^{T_{G2}} \times T_{G2} - \sum \gamma_i \overline{C}_{pi,T_0}^{T_G} \times T_G \qquad (2-111)$$

根据式(2-111)及查阅相关气体物质的定压摩尔热容,最终解出 $T_{G2}=658$ K。 甲烷还原氮氧化物的反应是放热反应,在甲烷全部还原产物中的氮氧化物后,产物的温度上升到 658 K。

3. 二级燃烧区氮氧化物排放量的计算

假设二级燃烧区容积同样为 1 L,二级燃烧区有多余的甲烷,按照其燃烧

化学方程式的比例通入刚好完全燃烧的空气,甲烷和氧气完全反应后排放到大气中,用同样的方法可以计算出二级燃烧区的燃烧温度。

设二级燃烧区的燃烧温度为 T_{G3},根据式(2-91)建立燃烧放热升温方程:

$$Q_{p,658\,K} = \sum \gamma_i \overline{C}_{pi,T_0}^{T_{G3}} \times T_{G3} - \sum \gamma_i \overline{C}_{pi,T_0}^{T_{G2}} \times T_{G2} \qquad (2-112)$$

查表可得 $T_{G2} = 658\,K$ 时各气体物质的定压摩尔热容,则由式(2-112)解出 $T_{G3} = 1\,559.4\,K$。

由理想气体状态方程 $pV = nRT$,可算出二级燃烧区内燃烧时气体总的物质的量 $n = \dfrac{pV}{RT} = \dfrac{10^5 \times 10^{-3}}{8.314 \times 1\,559.4} \approx 7.713 \times 10^{-3}\,(mol)$。 进入二级燃烧区各气体物质的流量可通过计算得到:进入二级燃烧区的气体由两部分组成,一部分是还原区还原后剩下的气体 N_2、$H_2O(g)$、CO_2、NO 和 CH_4(表2-6),另一部分是为了燃尽未反应的 CH_4 而引入的空气,包含 N_2 和 O_2(其比例为79%和21%)。根据表2-6中进入二级燃烧区各气体物质的流量,可以直接计算出各种物料的占比,计算结果见表2-8和表2-9。

表 2-8　进入二级燃烧区各气体物质的流量

进入二级燃烧区的物质	N_2	$H_2O(g)$	CO_2	NO	CH_4	温度/K
进入二级燃烧区物质流量/(mol/s)	105.6×10^{-3}	12.42×10^{-3}	6.19×10^{-3}	16.3×10^{-3}	8.15×10^{-3}	658
二次燃烧完成后物质流量/(mol/s)	105.6×10^{-3}	28.72×10^{-3}	14.34×10^{-3}	0	0	1 559.4

表 2-9　进入二级燃烧区燃烧的各种物料计算平衡数量

进入二级燃烧区的气体	N_2	$H_2O(g)$	CO_2	O_2	CH_4	合计
气体量占比/%	71.00	8.35	4.16	11.00	5.48	≈100
气体浓度/(mol/m³)	5.510	0.644	0.321	0.850	0.424	7.749

同样地,运用捷里道维奇关于生成速率或生成浓度的表达式[式(2-93)],那么氮氧化物浓度随时间变化的关系式为

$$d[NO] = 3 \times 10^{14} \times 5.51 \times \sqrt{0.85e^{-kt}} \exp\left(-\frac{542\,000}{8.314 \times 1\,559.4}\right) dt$$

$$(2-113)$$

氮氧化物的生成速率为

$$N_{[NO]} = \frac{[NO]V}{t} = \frac{4.18 \times 10^{-5} \times 10^{-3}}{0.1} = 4.18 \times 10^{-7} \text{(mol/s)}$$

$$(2-114)$$

分级燃烧式燃气热水器氮氧化物的排出速率由 8.36×10^{-4} mol/s 减小到 4.18×10^{-7} mol/s，相当于相同时间内传统燃气热水器氮氧化物排放量的万分之五。

2.4.3 结论

本节设计了一种燃料分级燃烧的燃气热水器，该燃气热水器有两个燃烧区、三个换热器（主换热器、次换热器和冷凝器）。

（1）在燃气燃烧部分　在一级燃烧区，天然气和等量空气在风机的作用下进入燃气热水器一级燃烧区，并在脉冲电子打火下点燃，此时燃烧剧烈，主换热器被燃烧高温加热，在此条件下，燃烧温度可达 1 908 K，氮氧化物主要在此区产生，并且其浓度随温度的高低呈指数级变化，此过程产生的氮氧化物主要是热力型氮氧化物。在还原区，一级燃烧区燃烧后的气体混合物在风机的作用下进入还原区，此区由橡皮管通入少量的天然气（流量约为一级燃烧区燃料流量的十分之一），此时在高温条件下，一级燃烧区产生的氮氧化物被天然气还原成氮气。在二级燃烧区，在还原后的燃烧气体进入二级燃烧区后，在此再次通入过量空气，通过电子打火再次引燃混合气体，此时可燃气体量小、燃烧缓慢、温度较低，在燃烧温度为 1 559.4 K 的情况下，氮氧化物的产率极低，最终产生的氮氧化物为传统燃气热水器在相同条件下的万分之五。在冷凝区，一、二级燃烧后的废气在风机的作用下进入冷凝区，和进入燃气热水器的冷水发生热交换，烟气的余热被利用。

（2）在水流方向部分　进入燃气热水器的冷水首先进入冷凝器，和即将排出的废气进行热交换，冷水被初步加热。被初步加热后的冷水进入二级燃烧区上方的次换热器，被二级燃烧区燃烧的火焰加热至中温。最后中温水流经主换热器,被一级燃烧区燃烧的火焰加热至所需温度,较高温度的热水经热水管流出。

2.5　地铁运行杂散电流分布

地铁建设在当今社会日益蓬勃发展,在设计或者建设地铁时,杂散电流的监测是目前各个项目要考虑的重点。由于地铁的金属结构本身在自然环境中容易受到腐蚀,因而给技术人员带来很大的困扰。在地铁运行过程中,通常采用直流供电,如果列车的负荷量不停,就会在走行轨上形成数值不等的工作电流[39-41]。走行轨上的一部分电流能够通过走行轨,与电源负极构成闭环电路,进而使部分电流回流到电源负极;另一部分电流经由轨道,能够接触到地面绝缘不良的位置处,对周围的地铁道床、非介质或者四周的土壤造成电流污染,形成杂散电流[42,43]。该现象很容易使地铁的运行产生事故,尤其是在采用直流供电的大型运输设备,比如地铁、轻轨等中,这种情况尤为严重。杂散电流的存在很容易对地铁的关键部件造成损害,严重时会危及地铁埋地燃气管线的安全,继而酿成无法挽回的后果。

因此,在确保地铁建设、地铁运营正常运行时,如何防护杂散电流成为有待解决的关键技术问题。常规技术中采用被动"堵截"和"疏导"的方式[44,45],但地铁走行轨上泄漏的杂散电流具有诸多不容易防护的特点,比如样式繁多、分散性强、防护困难、难以预测等。针对上述问题,本节提出用电能补偿的方法来解决杂散电流,以克服上述难题。

2.5.1　杂散电流分布数学模型

在运行时,受电弓接受来自接触网的电流,在电流的驱动下列车前行,同时列车车轮驱动电流通过接触走行轨传回至直流牵引变电所,如图 2-21 所示。

轨道交通杂散电流等效电路示意如图 2-22 所示。列车到直流牵引变电所的距离为 L;回流系统总电流为 I,其中 x 位置处走行轨传递的电流为 $i(x)$;走行轨和地面接触,导致一部分电流以杂散电流的形式流入地下,这部分电流为 $i_s(x)$。

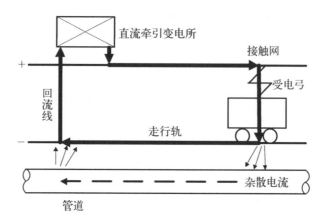

图 2‐21　轨道交通杂散电流干扰原理

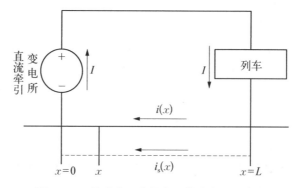

图 2‐22　轨道交通杂散电流等效电路示意图

基于轨道交通供电系统结构,取走行轨区间 L 中 x—$x+\mathrm{d}x$ 的一段电路结构,建立图 2‐23 所示的节点等效电路,其中(a)(b)分别是节点电压、电流关系示意图。

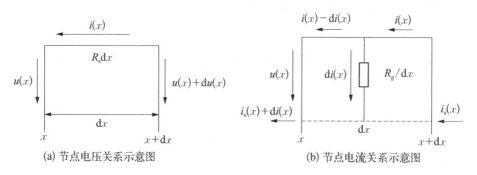

(a)节点电压关系示意图　　　　(b)节点电流关系示意图

图 2‐23　节点等效电路

如上所述,回流系统总电流 I 为 x 位置处的走行轨电流 $i(x)$ 和杂散电流 $i_s(x)$ 之和,即

$$I = i(x) + i_s(x) \tag{2-115}$$

图 2-23 中的钢轨电位为 $u(x)$,走行轨纵向电阻和对地绝缘电阻分别为 R_s 和 R_g。根据图 2-23(a) 中的节点电压示意结构,可得

$$i(x) \cdot R_s \cdot \mathrm{d}x + u(x) = u(x + \mathrm{d}x) \tag{2-116}$$

其中,

$$u(x + \mathrm{d}x) = u(x) + \mathrm{d}u(x) \tag{2-117}$$

将式(2-117)代入式(2-116),整理得

$$i(x) \cdot R_s \cdot \mathrm{d}x = \mathrm{d}u(x) \tag{2-118}$$

等号两边对 x 求导,得

$$\frac{\mathrm{d}i(x)}{\mathrm{d}x} R_s = \frac{\mathrm{d}^2 u(x)}{\mathrm{d}x^2} \tag{2-119}$$

根据图 2-23(b) 中的节点电流示意结构,可得

$$u(x) = \mathrm{d}i(x) \cdot \frac{R_g}{\mathrm{d}x} \tag{2-120}$$

将式(2-119)代入式(2-120),整理得

$$\frac{\mathrm{d}^2 u(x)}{\mathrm{d}x^2} - \frac{R_s}{R_g} u(x) = 0 \tag{2-121}$$

令 $m = \sqrt{\dfrac{R_s}{R_g}} > 0$,代入式(2-121),可得

$$\frac{\mathrm{d}^2 u(x)}{\mathrm{d}x^2} - m^2 u(x) = 0 \tag{2-122}$$

式(2-121)的通解为

$$u(x) = C_1 \mathrm{e}^{-mx} + C_2 \mathrm{e}^{mx} \tag{2-123}$$

将式(2-118)移项,可得

$$i(x) = \frac{1}{R_s}\frac{\mathrm{d}u(x)}{\mathrm{d}x} \qquad (2-124)$$

边界条件：① $x=0$，$i(0)=I$；② $x=L$，$i(L)=I$。代入式(2-123)，可得

$$C_1 = -\frac{IR_s e^{mL}}{m(e^{mL}+1)} \qquad (2-125)$$

$$C_2 = \frac{IR_s}{m(e^{mL}+1)} \qquad (2-126)$$

将式(2-125)、式(2-126)代入式(2-123)，可得

$$u(x) = \frac{IR_s}{m(e^{mL}+1)}(e^{mx} - e^{mL-mx}) \qquad (2-127)$$

从而可得列车的走行轨电流 $i(x)$ 和泄漏到地下的杂散电流 $i_s(x)$，即

$$i(x) = \frac{I(e^{mx}+e^{mL-mx})}{e^{mL}+1} \qquad (2-128)$$

$$i_s(x) = I\left(1 - \frac{e^{mx}+e^{mL-mx}}{e^{mL}+1}\right) \qquad (2-129)$$

用 MATLAB 软件分析后发现，在长为 L 的钢轨上，两端的杂散电流为 0，中间的杂散电流达到最大值。

2.5.2 减小杂散电流干扰的方法

根据上述理论建模研究的结果，可以参照杂散电流 $i_s(x)$ 表达式中 $i_s(x)$ 随各参数变化而变化的规律来研究如何减小杂散电流的干扰。

1. 减小接触轨回流长度 L

由于 $i_s(x)$ 在 $x=\frac{L}{2}$ 处取到最大值，因此研究 $x=\frac{L}{2}$ 时 $i_s(x)$ 随 L 变化的情况。将 $x=\frac{L}{2}$ 代入式(2-129)，整理得

$$i_s\left(\frac{L}{2}\right) = I\left(1 - \frac{2}{e^{\frac{mL}{2}}+e^{-\frac{mL}{2}}}\right) \qquad (2-130)$$

由式(2-130)可以看出,当 L 减小时, $i_s\left(\dfrac{L}{2}\right)$ 随之减小, $i_s(x)$ 与 L 呈正相关,即在走行轨区间 L 两端电压不变的情况下, L 越小,土壤中的杂散电流越小,反之则越大,如图 2-24 所示。因此,在设计直流牵引变电所的位置时,应尽可能使其数量多一些、距离小一些,这样可以减小杂散电流。

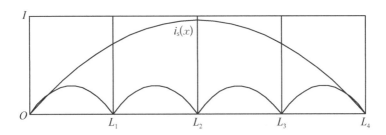

图 2-24　杂散电流分布及其与接触轨回流长度的关系曲线

2. 增大钢轨对地绝缘电阻 R_g

将 $m=\sqrt{\dfrac{R_s}{R_g}}$ 代入式(2-130),可得

$$i_s\left(\frac{L}{2}\right)=I\left[1-\frac{2\exp\left(\dfrac{L}{2}\sqrt{\dfrac{R_s}{R_g}}\right)}{1+\exp\left(L\sqrt{\dfrac{R_s}{R_g}}\right)}\right] \tag{2-131}$$

一般来说,钢轨选定后,其单位长度电阻 R_s 就确定了。由式(2-131)可知,增大对地绝缘电阻,可使杂散电流显著减小。假定轨道纵向电阻 $R_s=0.03\ \Omega/\mathrm{km}$,供电区间 $L=2\ \mathrm{km}$,总电流 $I=700\ \mathrm{A}$,用 MATLAB 软件作出杂散电流峰值 $i_s\left(\dfrac{L}{2}\right)$ 与轨地过渡电阻 R_g 的关系曲线,如图 2-25 所示。

由图 2-25 可看出,当轨地过渡电阻小于 $10\ \Omega\cdot\mathrm{km}$ 时,随着轨地过渡电阻的增大,杂散电流峰值急剧减小;当轨地过渡电阻大于 $20\ \Omega\cdot\mathrm{km}$ 时,杂散电流峰值曲线趋于平缓,其减小趋势已经不太明显。当轨地过渡电阻为 $20\ \Omega\cdot\mathrm{km}$ 时,根据式(2-131)可求得杂散电流峰值为 0.524 7 A。因此,为了增大轨地过渡电阻,可以采取在钢轨和地面接触地方铺设绝缘层(绝缘道床)或在金属燃气管道表面覆盖一层绝缘材料(如刷绝缘漆、包裹绝缘塑料等)的方法。

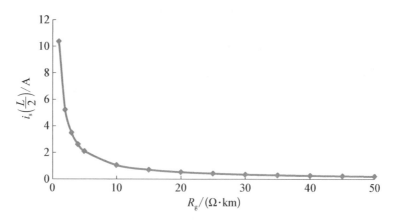

图 2-25 杂散电流峰值与轨地过渡电阻的关系曲线

3. 铺设排流网

在列车轨道下层和土壤之间铺设钢结构排流网,实质上可以减小轨道纵向电阻 R_s。如图 2-26 所示,当杂散电流从走行轨中泄漏后流入排流网和埋地燃气管线时,因土壤是良好导体,相当于电解质,走行轨失电子成为阳极区,排流网得电子成为阴极区,故走行轨、土壤、排流网和埋地燃气管线四者之间构成两个电解池。由于排流网钢筋存在纵向电阻,因而泄漏至排流网钢筋的杂散电流不一定全部通过排流网回流,其中部分杂散电流继续从排流网钢筋中泄漏,泄漏至土壤中的埋地燃气管线,此时排流网作为阳极区,埋地燃气管线作为阴极区,排流网、土壤和埋地燃气管线三者之间构成一个电解池。当走行轨为阳极区时,会对走行轨和扣件系统产生电化学腐蚀;当排流网为阳极区时,会对排流网钢筋产生电化学腐蚀。

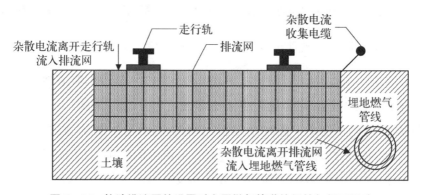

图 2-26 轨地排流网的设置对金属燃气管道的保护与相互影响

4. 单设回流轨系统

根据上述分析,为解决杂散电流问题,采用杂散电流腐蚀防护措施,但是受环境条件、施工措施、运营管理等多种因素影响,无法完全解决该问题。由于杂散电流主要经过走行轨泄漏至大地,然后从大地返回至直流牵引变电所,因而采用回流轨,不利用走行轨回流是解决杂散电流及其危害的根本方法。该方法的基本思路是使回流系统总电流等于走行轨电流,即 $I=i(x)$,从而使杂散电流 $i_s(x)=I-i(x)=0$,相当于切断了杂散电流的传播路径。该方案和走行轨回流供电方案的对比如图 2-27 所示。

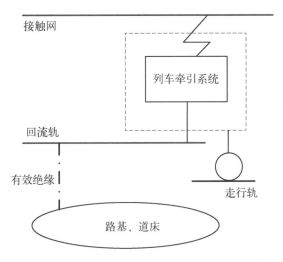

图 2-27 采用回流轨的列车牵引系统对路基和道床的绝缘示意图

从图 2-27 中可看出,走行轨回流系统电流经过列车牵引系统后通过车轮流入大地,不能与路基、道床完全绝缘。而在采用回流轨回流技术后,采用相应技术使列车牵引系统直接与回流轨相连,回流轨与大地完全绝缘,电流经过列车牵引系统后不通过车轮而直接流入回流轨,以保证电流不与走行轨接触,全部经过回流轨流回直流牵引变电所阴极。与走行轨回流供电方案对比,回流轨回流供电方案中供电系统、车辆、轨道、站台门、限界、土建结构均有不同影响和变化。从系统结构、设备、施工等方面对走行轨回流技术与回流轨回流技术进行比较,结果显示在采用回流轨回流技术后,城市轨道交通运行的安全性和经济性均有较大的提升。

该方案需要重建一条回流轨线,初始投资比较大,并且回流轨线的位置要合理地确定,从而保障公共安全。

2.5.3 结论

本节采用数学建模的方法分析了地铁走行轨在地面和土壤中产生的杂散电流分布及其对金属燃气管道的腐蚀影响,提出了通过改变模型公式中的可变因素来减小杂散电流干扰的方法。研究结果表明,增加直流牵引变电所数量、减小电流回流路径、在轨道和地面之间铺设绝缘层、在金属燃气管道外表包裹绝缘材料均是有效的方法。进一步可以在轨道下方土壤中铺设排流网,增大轨道和排流网与管道之间的夹角(最好是垂直铺设),能够最大限度地减小杂散电流。当然排除杂散电流的终极方法还是摒弃走行轨导电而改为采用回流轨传回电流,才能从根本上消除轨道交通对地面产生的杂散电流。

参考文献

[1] 何铮,李瑞忠.世界能源消费和发展趋势分析预测[J].当代石油石化,2016,24(7):1-8.

[2] 王海滨.国内天然气消费前景仍有较大不确定性[J].中国石化,2019(10):17-20.

[3] 方德斌,董炜,余谦.低碳转型趋势下中国能源消费结构优化[J].技术经济,2016,35(7):71-79,128.

[4] 罗佐县.天然气市场未来的发展逻辑[J].能源,2018(4):83-85.

[5] 周明亮.试论建立天然气战略储备的必要性和紧迫性[J].企业改革与管理,2020(10):223-224.

[6] 杨永明.全球主要能源展望报告研究成果分析与启示[J].新能源经贸观察,2018(3):60-72.

[7] 雷祺,袁家海.解析中国能源革命战略2030[J].中国国情国力,2018(1):49-51.

[8] 吴乐天,周健铖,李尚珠,等.碳氧血红蛋白与急性一氧化碳中毒分级诊治的关系[J].中国现代药物应用,2017,11(16):22-23.

[9] 彭雪,芦琛璘,卢滇楠.氧气和一氧化碳在人血红蛋白迁移过程研究[J].化工学报,2020,71(2):724-735.

[10] 陈静,朱江,刘晓婷,等.三种指标与急性一氧化碳中毒患者预后的相关性研究[J].中国医刊,2021,56(12):1339-1342.

[11] Yeşilyurt Ö, Cömertpay E, Vural S, et al. The diagnostic value of neurogranin in patients with carbon monoxide poisoning: Can it show early neurological damage? [J]. The American Journal of Emergency Medicine, 2021, 50: 191-195.

[12] Loughran D, Nelson L. Comment on "the impact of treatment with continuous positive airway pressure on acute carbon monoxide poisoning"[J]. Prehospital and Disaster Medicine, 2021, 36(6): 805-806.

[13] 陈志勇.一氧化碳中毒的数学模型[J].数学的实践与认识,2000,30(3):275-281.

[14] 张奕雯,何林,张益梅,等.大鼠急性一氧化碳中毒后迟发性脑病模型海马区缺氧诱

导因子-1α 及血红素加氧酶-1 的表达[J]. 中华神经科杂志,2016,49(12)：960-966.

[15]　何林,张奕雯,范星,等. 大鼠急性一氧化碳中毒迟发型脑病模型中 Nrf2 的动态表达及其作用[J]. 实用医学杂志,2016,32(18)：2984-2988.

[16]　赵林岩,于家川. 一氧化碳中毒迟发性脑病模型小鼠脑内血红素加氧酶 1 mRNA 和蛋白的表达[J]. 中国组织工程研究,2014,18(18)：2836-2840.

[17]　Zhang Y P, Zhang P, Lv C C. Explore of hyperbaric oxygen therapy on the patients with acute encephalopathy scondery myocardial damage following carbon monoxide poising[J]. European Journal of Preventive Medicine,2021, 9(3)：75-78.

[18]　Bağlı B S, Aygün H. Hyperbaric oxygen therapy decreases QTc dispersion that increased in CO poisoning[J]. Undersea and Hyperbaric Medicine, 2018, 45(6)：673-677.

[19]　韩嫒. 一种新型家用水循环系统的设计[J]. 液压气动与密封,2017,37(8)：29-30,33.

[20]　钟于涛,唐先权,周李茜,等. 住宅生活热水热负荷计算及燃气热水器选型分析[J]. 中国给水排水,2021,37(20)：57-60.

[21]　Ji Q, Han Z W, Zhang X P, et al. Study on the heating performance of absorption-compression hybrid heat pump in severe cold regions [J]. Applied Thermal Engineering, 2021, 185：116419.

[22]　Meha D, Thakur J, Novosel T, et al. A novel spatial-temporal space heating and hot water demand method for expansion analysis of district heating systems[J]. Energy Conversion and Management, 2021, 234：113986.

[23]　郭岩. 快速燃气热水器实现热水零等待的实践探索[J]. 应用能源技术,2019(3)：28-30.

[24]　鲁信辉,钟益明,梁春华. 燃气热水器的出水即热循环系统研究[J]. 日用电器,2017(8)：65-70.

[25]　杨世铭,陶文铨. 传热学[M]. 4 版. 北京：高等教育出版社,2006：554-572.

[26]　英克鲁佩勒,德维特,伯格曼,等. 传热和传质基本原理(原著第 6 版)[M]. 葛新石,叶宏,译. 北京：化学工业出版社,2007：129-131.

[27]　刘万旺,许志美,宗原,等. 顺排管束流动和传热数值模拟[J]. 华东理工大学学报(自然科学版),2019,45(1)：15-22.

[28]　杜广生. 工程流体力学[M]. 北京：中国电力出版社,2007：106-107.

[29]　赵镇南. 传热学[M]. 2 版. 北京：高等教育出版社,2008：247.

[30]　Tang B J, Zou Y, Yu B Y, et al. Clean heating transition in the building sector：The case of Northern China[J]. Journal of Cleaner Production, 2021, 307：127206.

[31]　彭乾冰,钱广华. 天然气低 NO_x 燃烧技术研究及应用[J]. 石油石化节能与减排,2015(3)：42-50.

[32]　雷佳莉,杨玉鹏,陈卓. 天然气低氮燃烧技术研究进展及应用[J]. 中国高新技术企业,2017(12)：66-67.

[33]　刘少林,吴金星,倪硕,等. 中小型燃气锅炉 NO_x 源头控制及低氮燃烧技术研究进展[J]. 工业锅炉,2017(5)：17-23,27.

[34] 秦亮. 富氧助燃下甲烷燃烧和 NO_x 排放特性的数值模拟[D]. 西安：西安石油大学,2019.

[35] 周欢. 浓淡燃烧过程中 NO_x 形成的数值模拟[D]. 武汉：华中科技大学,2007.

[36] 张健,毕德贵,张忠孝,等. 煤粉炉高温还原性氛围下 NH_3 还原 NO_x[J]. 燃烧科学与技术,2017,23(5)：406-411.

[37] 丁涛,周俊虎,曹欣玉,等. 低 NO_x 燃烧器对重油低氮燃烧特性的影响[J]. 燃烧科学与技术,2019,25(4)：340-346.

[38] 卢学斌,王虹,丁福臣,等. 富氧条件下稀土修饰的 Co/MOR 催化剂上甲烷选择性催化还原一氧化氮性能[J]. 工业催化,2011,19(2)：36-39.

[39] 焦建英,刘瑶,陈涛涛,等. 北京受地铁杂散电流干扰埋地燃气管道的现场检测与防护方案[J]. 腐蚀与防护,2021,42(1)：60-65,78.

[40] 史云涛,赵丽平,林圣,等. 城市电网中地铁杂散电流分布规律及影响因素分析[J]. 电网技术,2021,45(5)：1951-1957.

[41] 肖强荣. 地铁杂散电流对成品油管道牺牲阳极的影响及防护措施[J]. 石油化工腐蚀与防护,2021,38(1)：1-5.

[42] 吴有更,李亚菲,张巍威. 地铁杂散电流对埋地输气管道的干扰研究及对策[J]. 中国石油和化工标准与质量,2020,40(17)：107-109.

[43] 肖嵩,姜子涛,童清福,等. 轨道交通杂散电流对武汉燃气管道干扰的波动规律[J]. 腐蚀与防护,2020,41(12)：37-43.

[44] 李力鹏,陈怀鑫. 排流系统在城市轨道交通杂散电流防护中的作用研究[J]. 电气化铁道,2020,31(zl)：108-113.

[45] 王刚. 油气长输管道阴极保护系统的影响因素与措施研究[J]. 全面腐蚀控制,2021,35(1)：75-77.

第 3 章   偏微分方程模型

偏微分方程是指含有未知函数及其偏导数的方程，用于描述自变量、未知函数、未知函数的偏导数之间的关系。偏微分方程是描述客观物理世界规律的重要数学工具之一，在电磁学、热力学、流体力学、量子力学、几何学等学科中都有重要应用。

客观世界的物理量一般是随时间和空间位置而变化的，因而可以表达为时间坐标 t 和空间坐标(x_1, x_2, x_3)的函数 $u(t, x_1, x_2, x_3)$，这种物理量的变化规律往往表现为它关于时间和空间坐标的各阶变化率之间的关系式，即函数 u 关于 t 与(x_1, x_2, x_3)的各阶偏导数之间的等式。

例如，在一个均匀传热的物体中，忽略内热源生成项，温度 u 满足下面的等式：

$$\frac{\partial u}{\partial t} - a^2 \left(\frac{\partial^2 u}{\partial x_1^2} + \frac{\partial^2 u}{\partial x_2^2} + \frac{\partial^2 u}{\partial x_3^2} \right) = 0 \tag{3-1}$$

这样一类包含未知函数及其偏导数的等式就是偏微分方程。如果一个偏微分方程(组)关于所有的未知函数及其偏导数都是线性的，那么称为线性偏微分方程(组)；否则，称为非线性偏微分方程(组)。在非线性偏微分方程(组)中，如果关于未知函数的最高阶偏导数是线性的，那么称为拟线性偏微分方程(组)。

偏微分方程理论研究一个方程(组)是否有满足某些补充条件的解(解的存在性)，有多少个解(解的唯一性或自由度)，解的各种性质及求解方法等，另外还要尽可能地用偏微分方程来解释和预见自然现象以及把它用于各门科学和工程技术中。偏微分方程理论的形成和发展都与物理学和其他自然科学的发展密切相关,并且彼此促进和推动。其他数学分支,如分析学、几何学、代数学、拓扑学等理论的发展也都给偏微分方程带来了深刻的影响。

在科学技术日新月异的发展过程中,对于人们研究的许多问题,用一个自变量的函数来描述已经显得不够了,不少问题需要用多个变量的函数来描述。比如,从物理角度来说,物理量有不同的性质,温度、密度等用数值来描述的量叫作标量;速度、电场中的引力等,不仅在数值上不同,而且有方向,这些量叫作向量;用来描述物体在一点上的张力状态的量叫作张量;等等。这些量不仅和时间有关系,和空间坐标也有联系,这就要用多个变量的函数来表示。

应该指出,对于所有可能的物理现象,用多个变量的函数表示只能是理想化的,如介质的密度,实际上"在一点"的密度是不存在的。而把"在一点"的密度看作物质的质量和体积的比在体积无限缩小时的极限,这就是理想化的。介质的温度也是如此。这样产生了研究某些物理现象的理想化的包含多个变量的函数方程,这种方程就是偏微分方程。

3.1　概　　述

随着中国城镇化建设的迅猛发展,空气污染已成为当今社会备受关注的问题之一。大气颗粒物 $PM_{2.5}$ 作为一种主要的空气污染物,给人们正常的生活、生产活动带来了不良影响,同时对人们的身体健康造成了危害[1,2]。因此,对 $PM_{2.5}$ 进行科学有效的预测能够让人们提前做好防护措施,避免或者减少其对人体的危害[3,4]。由于受到众多条件因素的影响,大气污染物的扩散一直是环境科学领域的一个重点攻克的难题[5]。$PM_{2.5}$ 的扩散受到来自各方面因素的影响,如气象、地形、土地利用、人口密度、经济与交通强度等,都是影响 $PM_{2.5}$ 污染空间格局的关键因子[6]。但是目前采用的研究方法较雷同,都是建立以 x 轴方向为正风向的高斯烟羽扩散模型[7,8],而且都是直接给出计算公式,没有推导过程。这给初步涉足这个领域的读者带来了很多困难,很多读者需要一个方便、实用、易于推导与计算的模型。本章从无风的状态入手,借助球坐标系的点对称性和柱坐标系的轴对称性,建立污染物均向扩散的数学模型。该模型易于建立,公式易于推导,对于初步涉足这个领域的研究工作者来说有很好的借鉴意义。

3.2　球坐标系下煤改气空气净化模型

假设城市 A 的市区形状呈圆形,半径为 20 km,那么该城市的市区面积为 $\pi r^2 = 1\,256\ \mathrm{km}^2$(取 $\pi = 3.14$,下同),离市中心越近,$PM_{2.5}$ 排放越严重。假设该城市上空半径等于 20 km 的空间区域内被雾霾笼罩,半径的空间内 $PM_{2.5}$ 处处相等,半径大于 20 km 的区域内 $PM_{2.5}$ 开始扩散,那么该城市中污染物的大气层总体积为 $\dfrac{2}{3}\pi r^3 \approx 16\,746.67\ \mathrm{km}^3 \approx 1.67 \times 10^{13}\ \mathrm{m}^3$。

城市的能耗和国内生产总值(Gross Domestic Product,GDP)相关。以内蒙古自治区为例,内蒙古自治区的单位 GDP 能耗为 2.01 吨标准煤/万元,那么对于城市 A 而言,假设该城市的 GDP 为 1 000 亿元,那么该城市的能耗为 5.5×10^4 吨标准煤/天;假设 1 kg 常规烟煤会产生 8 g $PM_{2.5}$[9],那么该城市每天产生的 $PM_{2.5}$ 的质量为 $5.5 \times 10^4 \times 10^3 \times 8 \times 10^{-3} = 4.4 \times 10^5\ (\mathrm{kg}) = 4.4 \times 10^{14}\ (\mu\mathrm{g})$。

在研究此问题之前,需做以下假设:

(1)假设该城市的空气质量属于重度污染,$PM_{2.5}$ 浓度为 300 $\mu\mathrm{g/m}^3$,即在以城市中心点 O 为原点、半径等于 2×10^4 m 的半球形空间内,$PM_{2.5}$ 浓度处处相等且保持 300 $\mu\mathrm{g/m}^3$ 不变,每天新产生的 $PM_{2.5}$ 从半球形空间内向外扩散;在此半球形空间外,雾霾的扩散服从 Fick 扩散定律,即单位时间内通过单位法向面积的流量与它的浓度梯度成正比。

(2)假设某一天 $t = 0$ 时,该城市的"煤改气"工程一次性完成,不再产生新的 $PM_{2.5}$,笼罩在城市上空的雾霾由于扩散作用而逐渐变淡并渐渐消失,此过程中半径等于 2×10^4 m 的半球形空间内 $PM_{2.5}$ 浓度逐渐降低但处处相等。

(3)雾霾沿半球面均匀扩散,故在半径大于 2×10^4 m 的半球形空间外侧、距离球心任意一半径处,$r(x,y,z)$ 所形成的半球面上的雾霾浓度相等,因此对于球面上的任意一点,应用球坐标 (r,θ,φ) 表示会更加方便。

根据以上假设,可以预测雾霾浓度的变化趋势如图 3-1 所示。

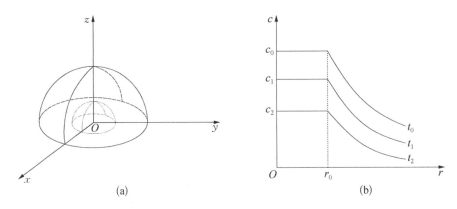

图 3 - 1　球坐标雾霾扩散示意图(a)及沿径向浓度变化趋势(b)

3.2.1　煤改气前稳态过程微分方程建立

设 $r(r>r_0)$ 处半球面上的雾霾浓度为 c,其扩散系数为 k,则其通过此半球面的扩散速率等于 $PM_{2.5}$ 的产生速率。根据假设(1),在 $r>r_0$ 外侧,有

$$\boldsymbol{q} = -k\,\mathbf{grad}c = -k\,\nabla c(r,\theta,\varphi) \qquad (3-2)$$

式中　$\boldsymbol{q}$ ——单位时间内雾霾通过单位法向面积的流量(向量),$\mu g/(m^2 \cdot d)$;

　　　　k——雾霾扩散系数,m^2/d;

　　　　$\mathbf{grad}c$ ——球坐标点 $A(r,\theta,\varphi)$ 处的浓度梯度,$\mu g/m^4$。

在式(3-2)中,负号表示由浓度高的地方往浓度低的地方扩散。那么点 A 处的浓度梯度用球坐标可以表示为

$$\nabla c(r,\theta,\varphi) = \frac{\partial c}{\partial r}\boldsymbol{e}_r + \frac{\partial c}{r\partial\theta}\boldsymbol{e}_\theta + \frac{\partial c}{r\sin\theta\partial\varphi}\boldsymbol{e}_\varphi \qquad (3-3)$$

式中　c——点 A 处的雾霾浓度,$\mu g/m^3$;

　　　　r——点 A 处的半径,m;

　　　　θ——点 A 和圆心 O 的连线 OA 与 z 轴的夹角;

　　　　φ——射线 OA 在平面 xOy 上的投影与 x 轴的夹角。

根据假设(3),半球体内等半径球面上的雾霾浓度 c 处处相等,即 c 不随 θ 和 φ 的变化而变化,故有

$$\frac{\partial c}{\partial \theta}=0, \quad \frac{\partial c}{\partial \varphi}=0 \tag{3-4}$$

因此,点 A 处的浓度梯度可以直接写为

$$\nabla c(r)=\frac{\partial c}{\partial r}\boldsymbol{e}_r=\frac{\mathrm{d}c}{\mathrm{d}r} \tag{3-5}$$

即在稳态时,任意一点 A 处的雾霾浓度 c 仅仅是 r 的函数。因此,对于 $r>r_0$ 所形成的任意半球面,我们可以列出微分方程:

$$-k\frac{\mathrm{d}c}{\mathrm{d}r}\times 2\pi r^2=P \tag{3-6}$$

式中　$-k\dfrac{\mathrm{d}c}{\mathrm{d}r}$——半径 r 上单位时间单位面积的流量,$\mu g/(m^2 \cdot d)$;

　　　$2\pi r^2$——半球面的面积,m^2;

　　　P——单位时间(每天)该城市产生的 $PM_{2.5}$ 的质量,$\mu g/d$。

解此方程,得

$$c=\frac{P}{2\pi k}\left(\frac{1}{r}-\frac{1}{r_0}\right)+c_0 \tag{3-7}$$

根据初始条件 $r_0=2\times 10^4$,$c_0=300$,$P=4.4\times 10^{14}$,得

$$c=\frac{4.4\times 10^{14}}{6.28k}\times\left(\frac{1}{r}-\frac{1}{2\times 10^4}\right)+300 \tag{3-8}$$

由边界条件 $c(\infty)=0$ 求得扩散系数

$$k\approx 1.17\times 10^7 \tag{3-9}$$

代入式(3-8),得

$$\begin{cases} c=c_0=300, & 0\leqslant r\leqslant 2\times 10^4 \\ c=\dfrac{P}{2\pi kr}=\dfrac{6\times 10^6}{r}, & r>2\times 10^4 \end{cases} \tag{3-10}$$

根据式(3-10)作出 $PM_{2.5}$ 的分布情况示意图,如图 3-2 所示。

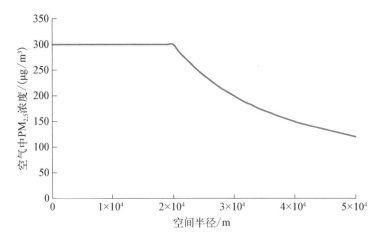

图 3 - 2　煤改气实施之前 $PM_{2.5}$ 的分布情况示意图

3.2.2　煤改气后动态过程微分方程建立

根据假设(2)，考查 $r > r_0$ 上任意一点 A 处的雾霾浓度 c，此时 c 随半径 r 和时间 t 两个因素的变化而变化，则此时 c 是 r 和 t 的二元函数，记为 $c = c(r, t)$。

虽然该城市的市区面积为 1 256 km^2，但是从世界地图上看，该城市也只占极小一部分面积，趋向于一个点，因此在计算雾霾扩散时，可以做以下抽象假设：假设该城市等半径 r_0 的污染源半球体趋近于 0，即 $r_0 \to 0$，简言之就是将污染度为 300 $\mu g/m^3$ 的半球体压缩为一个半径趋近于无穷小的半球体(半径为 r_0)，该半球体内雾霾量为半球体内污染物的总量，即 $\dfrac{1}{2} \times \dfrac{4}{3} \times \pi r_0^3 c_0 = 5.024 \times 10^{15}$ μg；由于该半球体体积趋近于无穷小，因此雾霾浓度趋近于无穷大，从球心到无穷远处的雾霾浓度分布符合倒数分布规律，即 $c = \dfrac{P}{2\pi k r}$。 从该式可以看出，圆心处浓度 $c_0 \to \infty$，无穷远处雾霾浓度 $c_\infty \to 0$。 有了上述假设就可计算煤改气后该城市上空的空气在自然扩散条件下空气质量的改善情况。

考查空间区域为 Ω 的半球体，半球体半径 $r > r_0$，Ω 的体积为 V，包围 Ω 的球面为 S，则在 $[t, t + \Delta t]$ 内通过 S 的流量为

$$Q_1 = \int_t^{t+\Delta} -k \frac{\partial c}{\partial r} S dt = \int_t^{t+\Delta} -k \frac{\partial c}{\partial r} 2\pi r^2 dt \qquad (3-11)$$

在 $[t, t + \Delta t]$ 时间内，空间 Ω 内烟雾的增量为

$$Q_2 = \int_0^r c(r,\ t) 2\pi r^2 \, \mathrm{d}r - \int_0^r c(r,\ t+\Delta t) 2\pi r^2 \, \mathrm{d}r$$

$$= \int_0^r 2\pi r^2 \left[c(r,\ t) - c(r,\ t+\Delta t) \right] \mathrm{d}r \qquad (3-12)$$

由质量守恒定律 $Q_1 = Q_2$，即

$$\int_t^{t+\Delta t} -k \frac{\partial c}{\partial r} 2\pi r^2 \, \mathrm{d}t = \int_0^r 2\pi r^2 \left[c(r,\ t) - c(r,\ t+\Delta t) \right] \mathrm{d}r \qquad (3-13)$$

两边对 r 求偏导，得

$$\int_t^{t+\Delta t} \left(-k \frac{\partial^2 c}{\partial r^2} 2\pi r^2 - k \frac{\partial c}{\partial r} 4\pi r \right) \mathrm{d}t = \left[c(r,\ t) - c(r,\ t+\Delta t) \right] 2\pi r^2$$

$$(3-14)$$

两边同时除以 Δt，并令 $\Delta t \to 0$，得

$$\lim_{\Delta t \to 0} \frac{1}{\Delta t} \int_t^{t+\Delta t} \left(-k \frac{\partial^2 c}{\partial r^2} - \frac{2k}{r} \frac{\partial c}{\partial r} \right) \mathrm{d}t = \lim_{\Delta t \to 0} \frac{c(r,\ t) - c(r,\ t+\Delta t)}{\Delta t}$$

$$(3-15)$$

即得

$$\frac{\partial c(r,\ t)}{\partial t} = \frac{2k}{r} \frac{\partial c}{\partial r} + k \frac{\partial^2 c}{\partial r^2} \quad (t>0,\ r \geqslant r_0) \qquad (3-16)$$

式中　$c(r,\ t)$——任意时刻内，大于 r_0 任意半径处 r 的雾霾浓度，$\mu g/m^3$；

　　　k——扩散系数，m^2/d；

　　　r——任意球面的半径，m。

该方程在初始条件为作用在坐标原点的点源函数，可记作

$$c(r,\ 0) = Q\delta(r) \qquad (3-17)$$

式中，Q 为原点处半径 r_0 半球体内污染物（雾霾）总量；$\delta(r)$ 为单位强度的点源函数。在此初始条件下方程的解为

$$c(r,\ t) = \frac{2Q}{(4\pi kt)^{\frac{3}{2}}} \exp\left(-\frac{r^2}{4kt} \right) \quad (t>0,\ r \geqslant r_0) \qquad (3-18)$$

式中，Q 的系数 2 表示原点处半径 r_0 半球体内污染物只向半球形上方扩散。因此浓度为向整个球面扩散的 2 倍。

根据式(3-18)可知,在任意时刻,随着半径的增大雾霾浓度不断减小。

在任意半径 r 处,随着 t 的增大,左边乘式项 $\dfrac{2Q}{(4\pi kt)^{\frac{3}{2}}}$ 不断减小,右边乘式项

$\exp\left(-\dfrac{r^2}{4kt}\right)$ 不断增大,因此需要绘图以说明当半径一定时,该处雾霾浓度随

时间的变化。只要确定该城市边界(半径为 2×10^4 m)处的浓度随时间的变化,当浓度不大于 $75\ \mu g/m^3$ 时,则表明该城市空气质量达到良好的状态。将参数代入式(3-18),得到:

$$c(r_0,\ t)=\frac{1.79\times10^5}{t^{1.5}}e^{-\frac{85.47}{t}} \tag{3-19}$$

根据式(3-19),以 t 为横坐标、c 为纵坐标,作出半径 r_0 处浓度随时间变化的曲线,如图3-3所示。

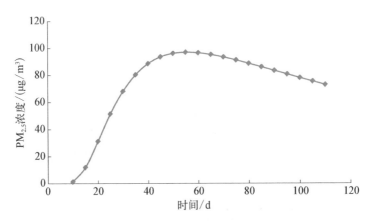

图3-3   由式(3-19)求解的 $c(r_0,\ t)$-t 的变化情况

由图3-3可知,当煤改气完成后第106天,该城市空气质量达到优良,$PM_{2.5}$ 浓度为 $74.75\ \mu g/m^3$。注意,该图只能用于时间 t 的计算,事实上 $PM_{2.5}$ 的浓度随时间的变化在图中应该是从 $300\ \mu g/m^3$ 的高位按指数衰减规律下降的曲线,此处之所以为此图形,是因为将污染物压缩到一个无穷小的半径为 r_0 球体里。

3.2.3   煤改气完成时空气质量改善情况

实际上煤改气不可能在一天内改造完成,假设改造时间为 30 d,即改造前

$t=0$ 时,每天排放的 $PM_{2.5}$ 为 $4.4 \times 10^{13} \ \mu g/d$,改造后第 30 天($t=30$)时,排放的 $PM_{2.5}$ 为 0,设改造过程按照线性过程进行,那么排放雾霾也按照线性规律递减,即第 t 天排放的 $PM_{2.5}$ 为

$$\begin{cases} Q_t = P \times \left(1 - \dfrac{t}{30}\right), & 0 \leqslant t \leqslant 30 \\ Q_t = 0, & t > 30 \end{cases} \qquad (3-20)$$

要计算煤改气在 30 d 内完成时空气质量变化的关系式,基于 3.2.2 节中动态微分方程的方法进行计算,但考虑到计算的简便性,可做以下简化处理:根据式(3-18)中分子 Q 的意义,该式分子项为污染物的总量,可直接在分子项上加上式(3-20)产生的污染物的量,即

$$\begin{cases} c(r_0, t) = \dfrac{2\left[Q + P \times \left(1 - \dfrac{t}{30}\right)\right]}{(4\pi kt)^{\frac{3}{2}}} \exp\left(-\dfrac{r_0^2}{4kt}\right), & 0 \leqslant t \leqslant 30 \\[4mm] c(r_0, t) = \dfrac{2Q}{(4\pi kt)^{\frac{3}{2}}} \exp\left(-\dfrac{r_0^2}{4kt}\right), & t > 30 \end{cases}$$

$$(3-21)$$

代入数据简化后得:

$$\begin{cases} c(r_0, t) = \dfrac{1.81 \times 10^5 - 52.3t}{t^{1.5}} e^{-\frac{85.47}{t}}, & 0 \leqslant t \leqslant 30 \\[4mm] c(r_0, t) = \dfrac{1.79 \times 10^5}{t^{1.5}} e^{-\frac{85.47}{t}}, & t > 30 \end{cases} \qquad (3-22)$$

取 $c(r_0, t) = 75$,解得 $t = 106$。该结果和一次性煤改气实施的结果差别不大,说明自然扩散影响因素更明显。

3.3 柱坐标系下煤改气空气净化模型

3.3.1 柱坐标模型建立

在重力存在的条件下,即使无风,$PM_{2.5}$ 也不会像球面一样在空间分布,一

般来说高度超过 10 km 便进入了平流层,而 $PM_{2.5}$ 一般只存在于对流层中,且越往高空,浓度越低。在同一水平面上,围绕某一圆心的圆周上 $PM_{2.5}$ 浓度是相等的,因此可考虑采用柱坐标来表示城市 A 空间中某点的 $PM_{2.5}$ 浓度的变化情况。

图 3-4(a)为柱坐标上一点 A 的表示方法,由三个参数决定其在柱坐标中的位置,分别是 r、θ 和 z。r 为点 A 到 z 轴的距离,θ 为点 A 在 xOy 平面上的投影与 x 轴的夹角,z 为点 A 在垂直方向上的高度。图 3-4(b)为不同的高度处雾霾的浓度随半径的分布和变化情况。

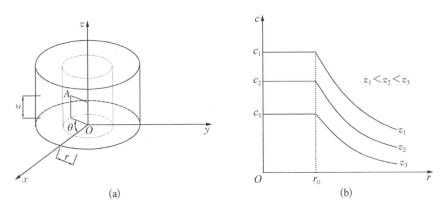

图 3-4 柱坐标雾霾扩散示意图(a)及沿径向浓度变化情况(b)

在柱坐标情况下,任意一点 A 处的浓度梯度可以表示为

$$\nabla c(r, \theta, z) = \frac{\partial c}{\partial r}\boldsymbol{e}_r + \frac{\partial c}{r\partial\theta}\boldsymbol{e}_\theta + \frac{\partial c}{\partial z}\boldsymbol{e}_z \tag{3-23}$$

式中 $\nabla c(r, \theta, z)$ ——为柱坐标体系上任意一点 $A(r, \theta, z)$ 的浓度梯度;

r——点 A 处的半径;

θ——半径在 xOy 平面上的投影与 x 轴的夹角;

z——点 A 的高度。

根据实际,柱坐标 z 一定的情况下,即在任意等高线下,以 $(0, \theta, z)$ 为圆心的任意同心圆上的浓度都相等,即确定了 r 和 z,那么 ∇c 就确定了,和 θ 无关,即有 $\frac{\partial c}{\partial\theta}=0$。柱坐标情况下的浓度梯度可以表示为

$$\nabla c(r, z) = \frac{\partial c}{\partial r}\boldsymbol{e}_r + \frac{\partial c}{\partial z}\boldsymbol{e}_z \tag{3-24}$$

由于重力的作用,雾霾在径向和轴向的扩散系数会不同,在径向的扩散系

数会大于在轴向的扩散系数。设径向扩散系数为 K_r, 轴向扩散系数为 K_z, 考察空间区域为 Ω 的圆柱体, 圆柱体半径 $r > r_0$, 圆柱高度 $z > z_0$。Ω 的体积为 V, 包围 Ω 的外围侧面面积为 S_1, 顶部圆面积为 S_2, 由于 $\boldsymbol{e}_r$ 方向永远垂直于 $\boldsymbol{e}_z$, 则在 $[t, t+\Delta t]$ 内通过 S_1 的流量为

$$Q_1 = \int_t^{t+\Delta t}\left[\int_0^z -K_r\left(\frac{\partial c}{\partial r}\boldsymbol{e}_r + \frac{\partial c}{\partial z}\boldsymbol{e}_z\right)\times 2\pi r\mathrm{d}z\right]\mathrm{d}t = \int_t^{t+\Delta t}\left[\int_0^z -K_r\frac{\partial c}{\partial r}\times 2\pi r\mathrm{d}z\right]\mathrm{d}t$$

$$(3-25)$$

通过 S_2 的流量为

$$Q_2 = \int_t^{t+\Delta t}\left[\int_0^r -K_z\left(\frac{\partial c}{\partial r}\boldsymbol{e}_r + \frac{\partial c}{\partial z}\boldsymbol{e}_z\right)2\pi r\mathrm{d}r\right]\mathrm{d}t = \int_t^{t+\Delta t}\left[\int_0^r -K_z\frac{\partial c}{\partial z}2\pi r\mathrm{d}r\right]\mathrm{d}t$$

$$(3-26)$$

通过 $S_1 + S_2$ 的总流量为

$$Q_1 + Q_2 = \int_t^{\Delta t}\left[\left(\int_0^z -K_r\frac{\partial c}{\partial r}\times 2\pi r\mathrm{d}z\right) + \left(\int_0^r -K_z\frac{\partial c}{\partial z}2\pi r\mathrm{d}r\right)\right]\mathrm{d}t$$

$$(3-27)$$

而在 $[t, t+\Delta t]$ 时间内 Ω 内烟雾的增量为

$$Q_3 = \int_0^z\int_0^r[c(r, z, t) - c(r, z, t+\Delta t)]2\pi r\mathrm{d}r\mathrm{d}z \qquad (3-28)$$

由质量守恒定律:

$$Q_1 + Q_2 = Q_3 \qquad (3-29)$$

同时对两边对 r 和对 z 求偏导, 最后整理的结果为

$$\int_t^{t+\Delta t} -\left(K_r\frac{\partial^2 c}{\partial r^2} + \frac{K_r}{r}\frac{\partial c}{\partial r} + K_z\frac{\partial^2 c}{\partial z^2}\right)\mathrm{d}t = [c(r, z, t) - c(r, z, t+\Delta t)]$$

$$(3-30)$$

两边同时除以 Δt, 并令 $\Delta t \to 0$, 得到

$$\frac{\partial c(r, z, t)}{\partial t} = K_r\frac{\partial^2 c}{\partial r^2} + \frac{K_r}{r}\left(\frac{\partial c}{\partial r}\right) + K_z\frac{\partial^2 c}{\partial z^2} \qquad (3-31)$$

该方程在初始条件为作用在坐标原点的点源函数, 可记作

$$c(r, z, 0) = Q\delta(r, z) \tag{3-32}$$

式中，Q 为原点处半径 r_0 高为 z_0 圆柱体内污染物（雾霾）总量；$\delta(r, z)$ 为单位强度的点源函数。在此初始条件下方程的解为

$$c(r, z, t) = \frac{Q}{(4\pi t \sqrt{K_r K_z})^{\frac{3}{2}}} \exp\left(-\frac{r^2}{4K_r t}\right) \exp\left(-\frac{z^2}{4K_z t}\right) \tag{3-33}$$

同样根据 Q、K_r、K_z 的实际值，可计算出在时间 t，圆柱体上任意一点的雾霾浓度，也可以根据煤改气的开始的时间，计算该城市 (r_0, z_0) 点处空气到达良好时所需要的时间。

3.3.2 柱坐标模型求解

由于雾霾存在的高度不会超过对流层，设该地区对流层高度为 10 km，那么当空气对雾霾产生的浮力和地球对雾霾的引力可以相互抵消，因此可认为在轴向上不发生扩散，即 $K_z = 0$，且轴向上任意半径线上雾霾浓度相等，式 (3-33) 简化为半径 r 和时间 t 的函数。此时为二维空间的扩散问题，根据参考文献[10]，雾霾浓度的函数表达式为

$$c(r, t) = \frac{Q}{(2\pi K_r)^{1.5} t^{1.5}} \exp\left(-\frac{r^2}{4K_r t}\right) \tag{3-34}$$

同样以该城市实施煤改气后动态过程进行模拟计算，数据如下：假设该城市上空的污染分布初始状态为半径等于 2×10^4 m、高等于 1×10^4 m 的圆柱体，在高不变的情况下，令 r_0 趋近于 0，即 $r_0 \to 0$，简言之就是将污染度为 300 $\mu g/m^3$ 的圆柱体压缩为一个半径趋近于无穷小的杆状体（半径为 r_0），该杆状体内雾霾量为模型圆柱体内污染物的总量，即 $\pi r_0^2 H_0 c_0 = 3.77\times10^{15}$ μg；由于该圆柱体体积趋近于无穷小，因此雾霾浓度趋近于无穷大，从轴心到无穷远处的雾霾浓度分布符合倒数分布规律，轴心处浓度 $c_0 \to \infty$，无穷远处雾霾浓度 $c_\infty \to 0$。

将数据代入式(3-34)，扩散系数按照球坐标计算的结果 $K_r = 1.17\times10^6$，只需求出半径为 2×10^4 m 的柱面上的 $PM_{2.5}$ 浓度达到空气良好的标准 75 $\mu g/m^3$，即可确定该城市空气已经达标。

$$c(r_0, t) = \frac{3.77 \times 10^{15}}{(2 \times 3.14 \times 1.17 \times 10^6 t)^{1.5}} \exp\left[-\frac{(20 \times 10^3)^2}{4 \times 1.17 \times 10^6 t}\right]$$

$$= \frac{1.89 \times 10^5}{t^{1.5}} e^{-\frac{85.47}{t}} \tag{3-35}$$

用作图的方法解得 $t = 111$，即实施煤改气后第 111 天，空气质量变为优良（$PM_{2.5}$ 浓度变为 74.83 $\mu g/m^3$）。

3.4　结　　论

本章在不考虑大自然刮风影响的条件下，考虑自然扩散对 $PM_{2.5}$ 浓度的影响，按照无风条件，根据扩散的对称性，摒弃传统的笛卡儿直角坐标系，分别运用球坐标和柱坐标对 $PM_{2.5}$ 的扩散进行建模，得到了方便计算的结论。结果表明，在受到严重污染的城市，$PM_{2.5}$ 浓度达到 300 $\mu g/m^3$；在球坐标模型下，在快速实施煤改气后的第 106 天，空气质量重新回归良好；在柱坐标模型下，在快速实施煤改气后的第 111 天，空气质量变为优良，与球坐标模型下的预测结果基本一致。若煤改气在较短的时间（如 1 个月）内完成，则扩散的结果和一次性煤改气实施的结果基本相同。若煤改气时间较长，如超过一次性完成雾霾扩散空气质量达到优良的时间（106 d 以上），则空气质量重新回归良好的时间会延长。实践表明，该模型不仅对大气污染扩散适用，对空气中的某点由于泄漏或者爆炸引起的烟雾扩散也适用。

参考文献

［1］ 魏薇,傅丽芳. 基于改进高斯模型的哈尔滨市 $PM_{2.5}$ 扩散问题实证分析［J］. 数学的实践与认识,2014,44(22)：205-211.

［2］ 王念飞,陈阳,郝庆菊,等. 苏州市 $PM_{2.5}$ 中水溶性离子的季节变化及来源分析［J］. 环境科学,2016,37(12)：4482-4489.

［3］ 王蕾,刘思遥,王滨松. AERMOD 和 CALPUFF 大气污染扩散模型的对比研究［J］. 环境科学与管理,2017,42(5)：42-45.

［4］ 侯梦玲,王宏,赵天良,等. 京津冀一次重度雾霾天气能见度及边界层关键气象要素的模拟研究［J］. 大气科学,2017,41(6)：1177-1190.

［5］ 韦澜. 基于 GIS 的 $PM_{2.5}$ 大气污染扩散模拟研究——以成都市双流区为例［D］. 成都：成都理工大学,2019.

[6] 周亮,周成虎,杨帆,等.2000—2011年中国$PM_{2.5}$时空演化特征及驱动因素解析[J].地理学报,2017,72(11)：2079 - 2092.

[7] 陈静锋,柴瑞瑞,闫浩,等.基于高斯烟羽模型的$PM_{2.5}$污染源扩散规律模拟分析[J].系统工程,2015,33(9)：153 - 158.

[8] 李春海,陈洪雨,陈贺,等.基于塔式扩散模型的火电厂污染物监测方法研究[J].电力系统保护与控制,2016,44(8)：79 - 84.

[9] 中国科技网.清华教授谈源头减排　一公斤煤到底产生多少$PM_{2.5}$[J].黑龙江科技信息,2014(9)：1 - 3.

[10] 陈祖墀.偏微分方程[M].4版.北京：高等教育出版社,2018：92 - 93.

第4章 积分方程模型

积分方程是指含有对未知函数的积分运算的方程,与微分方程相对。许多数学物理问题需通过积分方程或微分方程进行求解。积分方程是近代数学的一个重要分支。数学、自然科学和工程技术领域的许多问题都可以归结为积分方程问题。正是由于这种双向联系和深入的特点,积分方程得到了迅速发展,成为包括众多研究方向的数学分支。积分号下有关于未知函数的方程,其中未知函数以线性形式出现的,称为线性积分方程;否则,称为非线性积分方程。积分方程起源于物理问题。1899 年,弗雷德霍姆在给他的老师米塔-列夫勒的信中提出如下方程:

$$\varphi(x) - \lambda \int_0^1 K(x,y)\varphi(y)\mathrm{d}y = \psi(x) \tag{4-1}$$

式中,$\varphi(x)$ 为未知函数;λ 为参数;$K(x,y)$ 为在区域 $0 \leqslant x,y \leqslant 1$ 上连续的已知函数;$\psi(x)$ 为在区间 $0 \leqslant x \leqslant 1$ 上连续的已知函数。他认为方程(4-1)的解可表示成关于 λ 的两个整函数之商。1900 年,弗雷德霍姆在其论文中把式(4-1)称为"积分方程",并初次建立了 $K(x,y)$ 的行列式 $D(\lambda)$ 和 $D(x,y,\lambda)$,证明了它们都是关于 λ 的整函数,以及当 λ 是 $D(\lambda)$ 的一个零点时,式(4-1)的齐次方程有不恒等于 0 的解。

4.1 概　述

现代液化天然气(Liquefied Natural Gas,LNG)工厂采用的吸附脱水方法大都是分子筛吸附法。尽管分子筛的价格较高,但其却是一种极好的(脱水)

吸附剂。在天然气液化或深度冷冻之前,要求先将天然气的露点降至很低,此时用分子筛比较合适,分子筛的主要缺点是当有油滴或醇类等化学品带入时,会使分子筛变质恶化,再生时耗热高[1,2]。用硅胶塔和分子筛塔串联对天然气进行脱水,这是因为硅胶塔的吸水量大但是吸附能力弱,分子筛塔的吸水量小但是吸附能力强,硅胶塔和分子筛塔串联可以充分发挥两者的优势,天然气依次进入硅胶塔和分子筛塔。需干燥的天然气先通过硅胶床层脱去大部分饱和水,再通过分子筛床层深度脱除残余的微量水分,以获得很低的露点[3]。

　　图4-1是双塔吸附法高压天然气脱水的典型工艺流程图。LNG工厂的脱水工艺流程采用的装置主要是固定床吸附塔。为保证连续运行,至少需要两个吸附塔,一个塔进行天然气脱水,另一个塔进行吸附剂再生和冷却,然后切换操作。在三塔或多塔装置中,切换程序有所不同。对于普通的三塔流程,一般是有一个塔进行脱水,有一个塔进行再生,还有一个塔进行冷却[4]。在吸附时,为了减少气流对吸附剂床层扰动的影响,需干燥的天然气一般自上而下流过吸附塔。当1号硅胶塔和1号分子筛塔吸附时,湿天然气经阀1进入塔顶,自上而下流过编号为1的两个干燥塔,经阀4输出干天然气。当2号硅胶塔和2号分子筛塔吸附时,湿天然气经阀7进入塔顶,自上而下流过编号为2的两个干燥塔,经阀10输出干天然气。

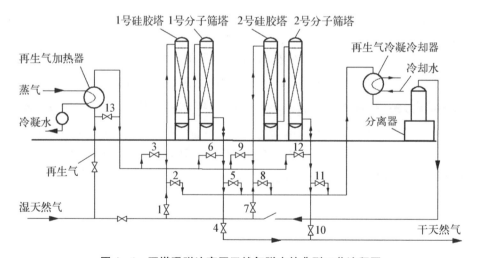

图4-1　双塔吸附法高压天然气脱水的典型工艺流程图

　　当一组双塔吸附时,另一组双塔进行再生。因为吸附剂再生需要吸热,所以当吸附塔在脱水再生时,先用某种方式对再生气进行加热,然后再生气自下

<<<< -

而上流过再生塔,对吸附层进行脱水再生。再生气自下而上流动,可以确保与湿原料气脱水时最后接触的底部床层得到充分再生,因为底部床层的再生效果直接影响流出床层的干天然气的质量。再生气加热器可以采用直接燃烧的加热炉,也可以采用热油、蒸气或其他热源的间接加热器。再生气可以采用湿原料气,也可以采用出口干气。当 1 号干燥塔(硅胶塔和分子筛塔)进行再生时,再生气先经阀 6 进入塔底,自下而上流过干燥塔,再经阀 2 至再生气冷凝冷却器中冷却。当 2 号干燥塔(硅胶塔和分子筛塔)进行再生时,再生气先经阀 12 进入塔底,自下而上流过干燥塔,再经阀 8 至再生气冷凝冷却器中冷却。

吸附剂再生后,还需经过冷却才能具有较好的吸附能力。在对再生后的吸附剂床层进行冷却时,可以停用再生气加热器或者使冷却气从再生气加热器的旁通阀 13 流过。冷却再生后的热床层的冷却气通常自上而下流过吸附剂床层,从而使冷却气中的水分被吸附在床层的顶部。这样,在脱水操作中,床层顶部的水分就不会对干燥后的天然气的露点产生过大影响。当 1 号干燥塔(硅胶塔和分子筛塔)进行冷却时,冷却气先经阀 3 进入塔顶,自上而下流过干燥塔,再经阀 5 至再生气冷凝冷却器中冷却。当 2 号干燥塔(硅胶塔和分子筛塔)进行冷却时,冷却气先经阀 9 进入塔顶,自上而下流过干燥塔,再经阀 11 至再生气冷凝冷却器中冷却。

再生气和冷却气离开吸附塔后,进入再生气冷凝冷却器,从吸附塔内再生脱除的水分在此冷凝并从分离器底部排出。一般可用定时切换的自控阀门来控制吸附塔的脱水、再生和冷却操作[5]。

4.2 双塔脱水模型

4.2.1 硅胶塔脱水模型

在进行硅胶塔脱水模型建立之前,需做以下假设。

(1)水蒸气进入硅胶塔的流量为 q_0,此数值可由计算方法得到:

$$\mu_s = \frac{\rho V}{0.25\pi D_i^2} = \frac{4\rho V}{\pi D^2 \sigma} \tag{4-2}$$

$$q_0 = \frac{pV\rho}{RT} \tag{4-3}$$

式中 V——硅胶塔处理天然气的能力,m^3/s;

p——硅胶塔的运行压力,Pa;

ρ——天然气中水蒸气的含量,mol/m^3;

D_i——硅胶塔的等效内径,m;

D——硅胶塔的实际内径,m;

σ——硅胶塔的填充率,%;

μ_s——天然气或水蒸气的线性流速,m/s;

q_0——水蒸气的物质的量流速,mol/s。

（2）硅胶塔出气口的水流量（物质的量流速）为 q_{t1},为时间的函数。

（3）硅胶塔总的可吸水量（饱和吸水量）为 ω_0,已吸水量为 ω_t,已吸水百分比为 $\dfrac{\omega_t}{\omega_0}$,那么剩余可吸水百分比为 $\dfrac{\omega_0-\omega_t}{\omega_0}$。

（4）硅胶塔对水蒸气的吸附比率（单位时间内吸附水的百分比）与硅胶塔的剩余可吸水量成正比,那么 t 时刻硅胶塔对水蒸气的吸附比率为 $\alpha\dfrac{\omega_0-\omega_t}{\omega_0}$,其中 α 为比例系数。

（5）鉴于天然气的流速较快和硅胶塔处理天然气的流量较大,硅胶塔的长度忽略不计,即天然气通过硅胶塔的时间为一单位时间。实际情况为天然气通过硅胶塔的时间 $t_1=\dfrac{L_1}{v}=\dfrac{4VL_1}{\pi D_i^2}$,其中 L_1 为硅胶塔的长度,V 为硅胶塔每秒处理天然气的体积,D_i 为硅胶塔的等效内径。

根据以上假设,可得从 $t=0$ 时刻起,硅胶塔开始处理天然气,到 t 时刻止,从硅胶塔入口处流入水蒸气的总量为

$$M_0=q_0 t \tag{4-4}$$

从硅胶塔出口处流出水蒸气的总量为

$$M_{t1}=\int_0^t q_{t1}\,\mathrm{d}t \tag{4-5}$$

那么,整个硅胶塔吸附水的总量为

$$\omega_t=M_0-M_{t1}=q_0 t-\int_0^t q_{t1}\,\mathrm{d}t \tag{4-6}$$

式中　q_0——水蒸气进入硅胶塔的流量，mol/s；

$\qquad q_{t1}$——水蒸气流出硅胶塔的流量，mol/s；

$\qquad M_0$——0 到 t 时刻流入硅胶塔的水蒸气的总量，mol；

$\qquad M_{t1}$——0 到 t 时刻从硅胶塔流出的水蒸气的总量，mol；

$\qquad \omega_t$——硅胶塔总的吸水量，mol。

硅胶塔的剩余可吸水量为

$$\omega_0 - \omega_t = \omega_0 - \left(q_0 t - \int_0^t q_{t1} \, \mathrm{d}t \right) \tag{4-7}$$

t 时刻硅胶塔的吸附比率为

$$\alpha_t = \frac{\alpha}{\omega_0}(\omega_0 - \omega_t) = \frac{\alpha}{\omega_0} \left[\omega_0 - \left(q_0 t - \int_0^t q_{t1} \, \mathrm{d}t \right) \right] \tag{4-8}$$

根据 t 时刻水蒸气流量的平衡关系，即流入量－被吸附量＝流出量，可得

$$q_{t1} = q_0 - \frac{\alpha}{\omega_0} \left[\omega_0 - \left(q_0 t - \int_0^t q_{t1} \, \mathrm{d}t \right) \right] q_0 = q_0 \left\{ 1 - \frac{\alpha}{\omega_0} \left[\omega_0 - \left(q_0 t - \int_0^t q_{t1} \, \mathrm{d}t \right) \right] \right\}$$

$$\tag{4-9}$$

式中　α——空硅胶塔对水蒸气的吸附比率，无量纲；

$\qquad \omega_0$——硅胶塔总的可吸水量，即饱和吸水量，mol。

将式(4-9)等号两边分别对时间 t 求导，得到

$$\frac{1}{q_0} \cdot \frac{\mathrm{d}q_{t1}}{\mathrm{d}t} = \frac{\alpha}{\omega_0} q_0 - \frac{\alpha}{\omega_0} q_{t1} \tag{4-10}$$

分离变量得

$$\frac{\mathrm{d}q_{t1}}{q_0 - q_{t1}} = \frac{\alpha}{\omega_0} q_0 \, \mathrm{d}t \tag{4-11}$$

初始条件：在 $t=0$ 时，$\omega_t = 0$，硅胶塔对水蒸气的吸附比率为 α，$q_{t1}(0) =$ $q_0(1 - \alpha \dfrac{\omega_0 - \omega_t}{\omega_0}) = q_0(1 - \alpha)$。那么，

$$\int_{q_0(1-\alpha)}^{q_{t1}} \frac{\mathrm{d}q_{t1}}{q_0 - q_{t1}} = \int_0^t \frac{\alpha}{\omega_0} q_0 \, \mathrm{d}t \tag{4-12}$$

解出

$$q_{t1} = q_0 \left(1 - \alpha \mathrm{e}^{-\frac{\alpha}{\omega_0} q_0 t} \right) \tag{4-13}$$

4.2.2 分子筛塔脱水模型

参照硅胶塔脱水模型的建立方法，可推导出单独使用分子筛塔脱水的方程：

$$q'_{t1} = q_0 \left(1 - \beta \mathrm{e}^{-\frac{\beta}{\varphi_0} q_0 t} \right) \tag{4-14}$$

式中　q_0——水蒸气进入分子筛塔的流量，mol/s；

$\quad\quad q'_{t1}$——水蒸气流出分子筛塔的流量，mol/s；

$\quad\quad \beta$——空分子筛塔对水蒸气的吸附比率，无量纲；

$\quad\quad \varphi_0$——分子筛塔总的可吸水量，即饱和吸水量，mol。

4.2.3 双塔串联脱水模型

如图 4-2 所示，用硅胶塔和分子筛塔串联脱水，经硅胶塔吸附脱水后的天然气进入串联的分子筛塔。

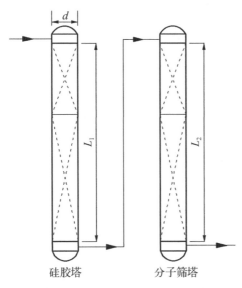

图 4-2　硅胶塔和分子筛塔串联时气流方向示意图

现做如下假设：

（1）根据 4.2.1 节的计算结果，水蒸气进入分子筛塔的流量为 q_{t1}，为时间 t 的函数。

（2）分子筛塔出气口的水流量为 q_{t2}，也为时间 t 的函数。

（3）分子筛塔总的可吸水量（饱和吸水量）为 φ_0，已吸水量为 φ_t，那么剩余可吸水量为 $\varphi_0 - \varphi_t$。

（4）分子筛塔对水蒸气的吸附比率（单位时间内吸附水的百分比）与分子筛塔的剩余可吸水量成正比，那么 t 时刻分子筛塔对水蒸气的

吸附比率为 $\beta \dfrac{\varphi_0 - \varphi_t}{\varphi_0}$，其中 β 为比例系数。

（5）鉴于天然气的流速较快和分子筛塔处理天然气的流量较大，分子筛塔的长度忽略不计，即天然气通过分子筛塔的时间为一单位时间。实际情况为天然气通过分子筛塔的时间 $t_2 = \dfrac{L_2}{v} = \dfrac{4VL_2}{\pi D_i^2}$，其中 L_2 为分子筛塔的长度，V 为分子筛塔每秒处理天然气的体积，D_i 为分子筛塔的等效内径。

根据以上假设，可以得到：

从 $t=0$ 时刻起，硅胶塔开始处理天然气，到 t 时刻止，从分子筛塔入口处流入水蒸气的总量为

$$M_{t1} = \int_0^t q_{t1} \, \mathrm{d}t \tag{4-15}$$

从分子筛塔出口处流出水蒸气的总量为

$$M_{t2} = \int_0^t q_{t2} \, \mathrm{d}t \tag{4-16}$$

那么，t 时刻整个分子筛塔吸附水的总量为

$$\varphi_t = M_{t1} - M_{t2} = \int_0^t q_{t1} \, \mathrm{d}t - \int_0^t q_{t2} \, \mathrm{d}t = \int_0^t (q_{t1} - q_{t2}) \, \mathrm{d}t \tag{4-17}$$

式中　q_{t1}——水蒸气进入分子筛塔的流量，$\mathrm{mol/s}$；

　　　q_{t2}——水蒸气流出分子筛塔的流量，$\mathrm{mol/s}$；

　　　M_{t1}——0 到 t 时刻从硅胶塔流出的水蒸气的总量，即 0 到 t 时刻流入分子筛塔的水蒸气的总量，mol；

　　　M_{t2}——0 到 t 时刻从分子筛塔流出的水蒸气的总量，mol；

　　　φ_t——0 到 t 时刻分子筛塔总的吸水量，mol。

t 时刻分子筛塔的剩余可吸水百分比为

$$\frac{\varphi_0 - \varphi_t}{\varphi_0} = 1 - \frac{1}{\varphi_0} \int_0^t (q_{t1} - q_{t2}) \, \mathrm{d}t \tag{4-18}$$

t 时刻分子筛塔的吸附比率为

$$\beta_t = \beta \frac{\varphi_0 - \varphi_t}{\varphi_0} = \beta \left[1 - \frac{1}{\varphi_0} \int_0^t (q_{t1} - q_{t2}) \, \mathrm{d}t \right] \tag{4-19}$$

根据 t 时刻分子筛塔内的水蒸气流量的平衡关系,即流入量－被吸附量＝流出量,可得

$$q_{t2} = q_{t1}\left(1 - \beta \frac{\varphi_0 - \varphi_t}{\varphi_0}\right) = q_{t1}\left\{1 - \beta\left[1 - \frac{1}{\varphi_0}\int_0^t (q_{t1} - q_{t2})\mathrm{d}t\right]\right\}$$

(4－20)

整理得

$$\frac{q_{t2}}{q_{t1}} = 1 - \beta + \frac{\beta}{\varphi_0}\int_0^t (q_{t1} - q_{t2})\mathrm{d}t \qquad (4-21)$$

式中 β——空分子筛塔对水蒸气的吸附比率,无量纲;

φ_0——分子筛塔总的可吸水量,即饱和吸水量,mol。

将式(4-21)等号两边分别对 t 求导,得到

$$\frac{\dfrac{\mathrm{d}q_{t2}}{\mathrm{d}t}q_{t1} - \dfrac{\mathrm{d}q_{t1}}{\mathrm{d}t}q_{t2}}{q_{t1}^2} = \frac{\beta}{\varphi_0}(q_{t1} - q_{t2}) \qquad (4-22)$$

由式(4-10)得 $\dfrac{\mathrm{d}q_{t1}}{\mathrm{d}t} = q_0(q_0 - q_{t1})\dfrac{\alpha}{\omega_0}$,代入式(4-22)后整理得

$$\frac{\mathrm{d}q_{t2}}{\mathrm{d}t}q_{t1} - \frac{\alpha}{\omega_0}q_0(q_0 - q_{t1})q_{t2} = \frac{\beta}{\varphi_0}(q_{t1} - q_{t2})q_{t1}^2 \qquad (4-23)$$

将 q_{t1} 的表达式(4-13)代入式(4-23),得到

$$\frac{\mathrm{d}q_{t2}}{\mathrm{d}t}q_0\left(1 - \alpha\mathrm{e}^{-\frac{\alpha}{\omega_0}q_0 t}\right)$$

$$= \frac{\alpha^2}{\omega_0}q_0^2\mathrm{e}^{-\frac{\alpha}{\omega_0}q_0 t}q_{t2} + \frac{\beta}{\varphi_0}q_0^2\left[q_0\left(1 - \alpha\mathrm{e}^{-\frac{\alpha}{\omega_0}q_0 t}\right) - q_{t2}\right]\left(1 - \alpha\mathrm{e}^{-\frac{\alpha}{\omega_0}q_0 t}\right)^2 \quad (4-24)$$

对于式(4-23),初始条件:① $t = 0$,$\varphi_t = 0$,$\beta_0 = \beta\dfrac{\varphi_0 - \varphi_t}{\varphi_0} = \beta$;

② $q_{t2}(0) = q_{t1}(0)(1 - \beta_t) = q_0(1 - \alpha)(1 - \beta)$。

4.2.4 双塔脱水模型构建

由于方程(4-24)为非初等微分方程,无法用 MATLAB 软件求出其解,

因而对结果进行简化处理。对于分子筛塔,按照硅胶塔方程的形式 $q_{t1} = q_0\left(1-\alpha\mathrm{e}^{-\frac{\alpha}{\omega_0}q_0 t}\right)$,可直接写出:

$$q_{t2}=q_{t1}\left[1-\beta\exp\left(-\frac{\beta}{\varphi_0}q_{t1}t\right)\right] \tag{4-25}$$

将 q_{t1} 的表达式(4-13)代入式(4-25),得到

$$q_{t2}=q_0\left(1-\alpha\mathrm{e}^{-\frac{\alpha}{\omega_0}q_0 t}\right)\left\{1-\beta\exp\left[-\frac{\beta}{\varphi_0}q_0\left(1-\alpha\mathrm{e}^{-\frac{\alpha}{\omega_0}q_0 t}\right)t\right]\right\} \tag{4-26}$$

式(4-26)为简化处理后的双塔串联吸附天然气中水蒸气的表达式。

4.3 数据代入及检验

表4-1为天然气干燥塔(主要是分子筛塔)进行天然气脱水的典型操作条件。

表4-1 天然气干燥塔进行天然气脱水的典型操作条件

参　数	操 作 条 件	物理符号
天然气流量	2.78 m³/s	V
天然气进口含水量	9.08×10^{-2} mol/m³	ρ_0
天然气压力	1.5 MPa	p
吸附循环时间	8~24 h	t
天然气吸附温度	298 K	T
天然气出口含水量	$\leqslant6.05\times10^{-4}$ mol/m³	ρ_1

根据表4-1,可计算出在操作压力为1.5 MPa、操作温度为298 K 和天然气流量为2.78 m³/s 的情况下,流入第一个塔(硅胶塔)的水蒸气流量 q_0 和经双塔脱水后天然气出口的水蒸气流量的限值 q_{lim}。

$$q_0 = \rho_0 V = 9.08 \times 10^{-2} \times 2.78 \approx 0.252(\text{mol/s}) \qquad (4-27)$$

$$q_{\lim} = \rho_{1,\max} V = 6.05 \times 10^{-4} \times 2.78 \approx 0.001\,7(\text{mol/s}) \qquad (4-28)$$

式中　q_0——流入双塔系统的水蒸气流量,mol/s;

　　　$q_{\lim}$——流出双塔系统的水蒸气流量的最大值,mol/s;

　　　V——天然气流量,m³/s;

　　　ρ_0——天然气进口含水量,mol/m³;

　　　ρ_1——天然气出口含水量,mol/m³。

根据硅胶和分子筛的吸水特性,在硅胶塔和分子筛塔的高度、内径分别都相同的情况下,可得到如下参数的典型值(表4-2):对于空硅胶塔,其饱和吸水量为2×10^5 mol,吸附比率为0.88;对于空分子筛塔,其饱和吸水量为8×10^4 mol,吸附比率为0.97;进口水蒸气流量为0.252 mol/s,出口水蒸气流量必须小于0.001 7 mol/s,高于此值时干燥塔进行操作切换。

表4-2　硅胶塔和分子筛塔的典型技术参数及进出口水蒸气流量参数

参　数	α	ω_0/mol	β	φ_0/mol	q_0/(mol/s)	$q_{\lim}$/(mol/s)
典型值	0.88	2×10^5	0.97	8×10^4	0.252	0.001 7

假设干燥塔(硅胶塔和分子筛塔)的长度相等,$\omega_0 = 2 \times 10^5$ mol,$\varphi_0 = 8 \times 10^4$ mol,$\alpha = 0.88$,$\beta = 0.97$,$q_0 = 0.252$ mol/s,那么q_{t1}、q'_{t1}、q_{t2}随时间的变化如图4-3所示。

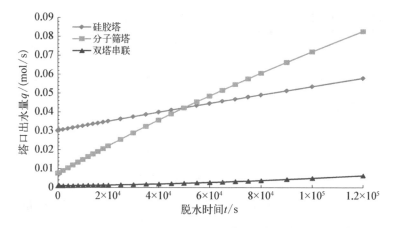

图4-3　硅胶塔和分子筛塔单独使用与串联使用时脱水效果示意图

　　由图4-3可以看出,当硅胶塔和分子筛塔分别单独使用时,其初始($t=0$时刻)出水量分别为0.030 2 mol/s和0.007 6 mol/s,两者均大于0.001 7 mol/s,其脱水效果均达不到工艺要求的标准。但将两个吸附塔串联后,其吸附能力大大增强,初始($t=0$时刻)出水量为0.000 907 mol/s,远远小于0.001 7 mol/s。随着时间的推移,出水量逐渐增大,当$q_{t2}=q_{\lim}=0.001 7$ mol/s时,脱水时间约为3×10^4 s,约8.33 h,和表4-1中的吸附循环时间基本一致。此时,该串联塔(1号塔)进行再生和冷却,2号串联塔进入脱水工作状态。

　　从图4-3中也可以看出硅胶塔和分子筛塔各自的吸水特点,硅胶塔的吸附比率低但容量大,因此其出水曲线较为平缓,出水量缓慢增大,但是初始出水量比较大;分子筛塔的吸附比率高但是容量稍小,因此其出水曲线的初始值较小,但随着时间的推移而迅速提升,并与硅胶塔的出水曲线有一个明显的交点。

4.4　结　　论

　　本章中的双塔脱水模型充分发挥硅胶和分子筛的优势,先用硅胶塔脱去大部分的易于脱去的水分,再用分子筛塔深度脱水,从而使天然气经处理后的含水量达到预定的标准。本章分别建立了硅胶塔脱水、分子筛塔脱水以及硅胶塔和分子筛串联脱水的微分方程,并进行了出水量的表达式求解。结果表明,将硅胶塔和分子筛塔串联起来的双塔系统的脱水效果远远超过单独使用硅胶塔或分子筛塔的脱水效果,双塔系统的使用时间大大延长,一个循环周期能够达到约8 h之久,可以使天然气含水量降至10^{-6} mol/m³ 以下,并且串联双塔切换简单、易于操作,可以获得指数级倍增的脱水效果。

参考文献

[1]　王金磊,陈曦. 液化天然气脱水过程中固体吸附剂的选择[J]. 合成材料老化与应用,2015,44(4)：145-147.

[2]　肖健,王玉柱,姜培斌,等. 东河天然气站分子筛脱水效果分析及对策研究[J]. 油气田地面工程,2018,37(2)：41-44.

[3]　马泉,吴明鸥,罗元,等. 低负荷下双塔分子筛脱水工艺对产品天然气中 H_2S 含量的影响[J]. 石油与天然气化工,2019,48(6)：7-12.

［4］　邵青楠,顾鑫诚,邓春,等. 天然气处理工艺建模与模拟进展［J］. 石油科学通报,
　　　　2019,4(2)：192-203.

［5］　顾安忠,鲁雪生,石玉美. 液化天然气技术［M］. 2版. 北京：机械工业出版社,2015：
　　　　51-58.

第5章 数学规划模型

数学规划模型是运筹学的重要内容。它的研究对象是计划管理工作中有关安排和估值的问题,解决的主要问题是在给定条件下,按照某一衡量指标来寻求安排的最优方案。它的主要研究内容是如何在有限的人力、物力和财力等资源条件下,合理地分配和有效地使用资源,得到问题的最优方案(如产品的产量最多、生产成本最小、收益最高、消耗资源最少等)的优化方法。数学规划模型的一般形式为

$$\text{opt } f(x) \tag{5-1}$$

$$\text{s. t.} \begin{cases} g_i(x) \leqslant 0, & i = 1, 2, \cdots, m \\ h_j(x) = 0, & j = 1, 2, \cdots, l \end{cases}$$

式中,$x = (x_1, x_2, \cdots, x_n)^{\mathrm{T}}$ 为决策变量向量;$f(x)$ 为目标函数;符号 opt 表示对函数 $f(x)$ 求最优化结果。若要求 $f(x)$ 的最大值,则将 opt $f(x)$ 记为 $\max f(x)$;若要求 $f(x)$ 的最小值,则将 opt $f(x)$ 记为 $\min f(x)$。$g_i(x)$ 和 $h_j(x)$ 为约束函数,符号 s. t. 表示受约束于 m 个不等式约束 $g_i(x) \leqslant 0 (i = 1, 2, \cdots, m)$ 和 l 个等式约束 $h_j(x) = 0 (j = 1, 2, \cdots, l)$。

数学规划理论主要包括线性规划和非线性规划等理论,借助于该理论,可以对大多数的实际工程问题进行优化。线性规划的数学理论是成熟的和丰富的,其解法统一且简单,求出的解是精确的全局最优解。

线性规划的一般模型为

$$\max(\text{或 } \min) z = c_1 x_1 + c_2 x_2 + \cdots + c_n x_n \tag{5-2}$$

$$
s.\,t. \begin{cases} a_{11}x_1 + a_{12}x_2 + \cdots + a_{1n}x_n \leqslant b_1 \\ a_{21}x_1 + a_{22}x_2 + \cdots + a_{2n}x_n \leqslant b_2 \\ \cdots\cdots\cdots\cdots \\ a_{m1}x_1 + a_{m2}x_2 + \cdots + a_{mn}x_n \leqslant b_n \\ x_1,\, x_2,\, \cdots,\, x_n \geqslant 0 \end{cases}
$$

如果线性规划模型中目标函数是非线性的或者约束条件中有非线性约束,那么上述模型就变为非线性规划模型。工程中许多实际问题的模型都是非线性模型,故非线性规划在各类工程的优化设计中应用较多。

5.1 概　　述

研究表明,燃煤是造成空气污染的一个主要因素,燃煤排放的硫氧化物、氮氧化物、粉尘及二次无机气溶胶(如硫酸盐、硝酸盐等)都是影响空气质量的主导因素[1-3]。尤其在冬季采暖期,由于燃煤产生的大气污染物排放量增加,因而在静稳天气状态下,极易形成区域尺度的重污染。《"十三五"生态环境保护规划》明确指出,重点城市实施天然气替代煤炭工程,推进电力替代煤炭,大幅减少冬季散煤使用量。在"煤改气"工程快速推进下,与之密切相关的能源供给、财政补贴、居民负担、环境效益等问题逐渐受到关注[4-6]。随着大气环保要求的不断提高,农村"煤改气"、锅炉"煤改气"、农村"清洁采暖"得到迅速发展。

煤改气,可以是煤改天然气,也可以是煤改液化石油气。液化石油气相较于煤炭而言是一种清洁能源,但与天然气相比,除碳排放量高出约15%外,氮氧化物和二氧化硫等的排放量相当,几乎为零[7,8]。此外,液化石油气有无可比拟的优势,如易于压缩、易于储运等,但在价格上仍然输给天然气,尤其是在天然气产出地,这种价格差异更为明显,因此需要因地制宜,宜液化石油气则选择液化石油气,宜天然气则选择天然气[9]。本章对农村煤改液化石油气的选址进行了研究和对农村煤改天然气的经济性进行了分析,并提出了最佳的解决方案。

5.2　供应瓶装液化石油气优化模型

设某城市下辖某乡镇由 7 个村庄构成,村庄之间的位置关系如图 5 - 1 所示。其中,区域内的数字表示该村庄中以家庭为单位的户数,将村民户数为 34、29、42、21、56、18、71 的村庄分别标号为①~⑦,整理得到表 5 - 1 中的数据。

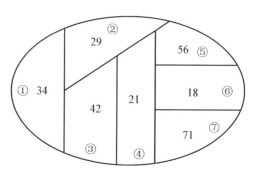

图 5 - 1　村庄之间相对位置及人口布局图

表 5 - 1　村庄序号与村民户数

村庄	1	2	3	4	5	6	7
户数	34	29	42	21	56	18	71

5.2.1　单个燃气公司向部分村民供气优化模型

首先从一个简单的问题入手,考虑单个燃气公司向该乡镇供应瓶装液化石油气的优化模型。假设某液化石油气销售公司拟在此乡镇建立两个销售代理点,向 7 个村庄的村民供应瓶装液化石油气,每个销售代理点只能向本村庄和一个相邻村庄的村民提供瓶装液化石油气配送服务,那么这两个销售代理点应该建在何处,才能使得到供应的村民户数最多?

将村民户数为 34、29、42、21、56、18、71 的村庄分别记为 1~7 区,并画出区与区之间的相邻关系图(图 5 - 2)。记 r_i 为 i 区的村民户数,用 0 - 1 变量,$x_{ij}=1$ 表示 (i,j) 区的村民由一个销售代理点供应瓶装液化石油气($i<j$ 且 i,j 相邻),否则 $x_{ij}=0$。 那么,该问题的整数线性规划模型为

$$\max \sum_{i,j\,\text{相邻}} (r_i + r_j)x_{ij} \qquad (5-3)$$

$$\mathrm{s.\,t.}\begin{cases} \sum\limits_{i,\,j} x_{ij} \leqslant 2 \\ \sum\limits_{j} x_{ij} + \sum\limits_{j} x_{ji} \leqslant 1,\ \forall i \\ x_{ij} \in \{0,\,1\} \end{cases}$$

即

$$\max f(x) = 63x_{12} + 76x_{13} + 71x_{23} + 50x_{24} + 85x_{25} + 63x_{34} +$$
$$77x_{45} + 39x_{46} + 92x_{47} + 74x_{56} + 89x_{67} \tag{5-4}$$

$$\mathrm{s.\,t.}\begin{cases} x_{12} + x_{13} + x_{23} + x_{24} + x_{25} + x_{34} + x_{45} + x_{46} + x_{47} + x_{56} + x_{67} \leqslant 2 \\ x_{12} + x_{13} \leqslant 1 \\ x_{12} + x_{23} + x_{24} + x_{25} \leqslant 1 \\ x_{13} + x_{23} + x_{34} \leqslant 1 \\ x_{24} + x_{34} + x_{45} + x_{46} + x_{47} \leqslant 1 \\ x_{25} + x_{45} + x_{56} \leqslant 1 \\ x_{46} + x_{56} + x_{67} \leqslant 1 \\ x_{47} + x_{67} \leqslant 1 \\ x_{ij} = 0,\ 1 \end{cases}$$

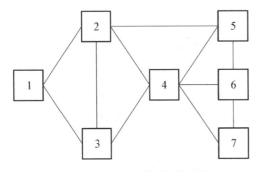

图 5-2　村庄位置相邻关系图

用 MATLAB 软件求解得到：最优解为 $x_{25} = x_{47} = 1$（其他值为 0），最大值为 177。也就是，在村庄 2 或 5 选一处作为销售代理点，此代理点向村庄 2 和 5 提供瓶装液化石油气配送服务，在村庄 4 或 7 选一处作为销售代理点，此代理点向村庄 4 和 7 提供瓶装液化石油气配送服务，可以达到覆盖村民户数最多（有 177 户）的结果。

5.2.2　向全部村民供气的液化石油气储配站选址优化模型

假设政府为了使所有的村民都用上瓶装液化石油气，拟在该乡镇建设一个液化石油气储配站，鉴于液化石油气储配站的危险属性，此储配站需要与每个村庄有 0.5 km 的安全距离,同时使此储配站到每个村庄的瓶装液化石油气仓库的距离之和最小。已知各个村庄之间并不是互连互通的,现有 11 条乡镇道路连接这 7 个村庄,各条乡镇道路对应的里程如图 5-3 所示(村庄与村庄之间直线旁的数字代表距离,单位为

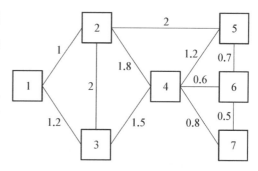

图 5-3 村庄之间相对位置及道路里程图

km)。现要确定这个液化石油气储配站的最佳位置,并从此储配站到乡镇道路修一条道路进行连接,使得此储配站位于每个村庄的瓶装液化石油气仓库的安全距离之外,并且使得此储配站到每个村庄的距离最小。

这个问题可以这样考虑,首先假设将液化石油气储配站建设在某一个村庄,这个村庄与其他所有村庄的距离之和最小,然后以该村庄为圆心、0.5 km 为半径画一个圆,那么此储配站必然在这个圆弧上。

先用 LINGO 软件求出当储配站位于每个村庄时最短路径的选择及最短路径之和,如表 5-2 所示。

表 5-2 LINGO 软件计算得到的储配站位于每个村庄时到其他村庄的最短路径

储配站位置	村庄编号							距离合计/km
	1	2	3	4	5	6	7	
1	—	1→2	1→3	1→3→4	1→2→5	1→3→4→6	1→3→4→7	14.7
2	2→1	—	2→3	2→4	2→5	2→4→6	2→4→7	11.8
3	3→1	3→2	—	3→4	3→4→5	3→4→6	3→4→7	11.8
4	4→3→1	4→2	4→3	—	4→5	4→6	4→7	8.6
5	5→2→1	5→2	5→4→3	5→4	—	5→6	5→6→7	10.8
6	6→4→3→1	6→4→2	6→4→3	6→4	6→5	—	6→7	9.6
7	7→4→3→1	7→4→2	7→4→3	7→4	7→6→5	7→6	—	10.9

从表5-2中可以看出,在不考虑各个村庄人口数(或村民户数)的情况下,选择村庄4作为瓶装液化石油气的集散中心,可以使储配站到各个村庄的距离之和最小,从而使配送距离最小和配送费用最低。以各个村庄人口数为例,有一个值得注意的问题:各个村庄的人口数不同且相差较大,人口多的村庄必然使用的瓶装液化石油气量大,配送工人向人口多的村庄配送的瓶装液化石油气量就大,而且来回更加频繁,因此必须把人口数考虑进去,以人口数为权重,将人口数乘距离作为各个村庄到其他村庄的距离的加权值。表5-3是该乡镇各个村庄的户数与相应的权重值。

表5-3 以村民户数为权重的各个村庄的权重值

村庄编号	1	2	3	4	5	6	7	总计
户 数	34	29	42	21	56	18	71	271
权重值	0.125	0.107	0.155	0.077	0.207	0.066	0.262	1.000[①]

各个村庄之间的加权距离如表5-4所示,表中的数据为加权值,加权值=户数×距离。

表5-4 以村民户数为权重的各个村庄到其他村庄的加权距离 （单位：km）

村庄编号	1	2	3	4	5	6	7	加权距离合计
1	—	29.0	50.4	56.7	168.0	59.4	248.5	612.0
2	34.0	—	84.0	37.8	112.0	43.2	184.6	495.6
3	40.8	58.0	—	31.5	151.2	37.8	163.3	482.6
4	91.8	52.2	63.0	—	67.2	10.8	56.8	341.8
5	102.0	58.0	113.4	25.2	—	12.6	85.2	396.4
6	112.2	69.6	88.2	12.6	39.2	—	35.5	357.3
7	119.0	75.4	96.6	16.8	67.2	9.0	—	384.0

从表5-4中可以看出,村庄4与其他所有村庄的加权距离之和最小。先

---

① 由于计算过程中对各权重值取近似,因而各权重值之和近似为1,后文出现类似情况时不再说明。

以村庄 4 为圆心,作一个半径为 0.5 km 的圆,再分别以除村庄 4 以外的其他 6 个村庄为圆心,作半径为 0.5 km 的圆。这里为方便起见,只作了以村庄 2、6、7 为圆心、半径为 0.5 km 的圆,其他村庄相距较远,故略去半径图,这样看起来更清晰,得到图 5-4 所示的储配站选址示意图。

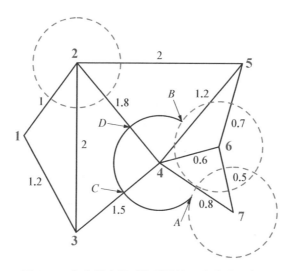

图 5-4　各个村庄相对位置及储配站选址示意图

如图 5-4 所示,液化石油气储配站应该建设在圆弧 $ACDB$ 上,方可使配送距离最小。具体地,液化石油气储配站可以建设在圆弧 $ACDB$ 与乡村道路相交的 C、D 两点,这样不必多修一条从此储配站到村庄 4 的道路。

5.3　向村庄供应管道天然气和液化天然气的成本比较与选择

如果政府决定向该乡镇 7 个村庄供应天然气,那么有两种方案可供选择:一是从市区到该乡镇铺设天然气管道;二是从 C、D 两点中选择一处建设小型 LNG 储罐,由槽车向此储罐运输液化天然气。

现做如下假设:

(1) 该乡镇位于北方,冬季需要燃气采暖,其户均用气量比南方户均用气量大,户均用气量为 60 m³/月,天然气气化率按照 1 480 m³/t 计算,故户均用气量约为 40.5 kg/月,那么该乡镇每月总用气量 $M=40.5×271=10\,975.5(\text{kg})≈$ $10.98(\text{t})$,年用气量 $Y=10.98×12=131.76(\text{t})$,或者换算成体积 $V≈1.95×$ $10^5\ \text{m}^3$。

(2) 如给该乡镇铺设天然气管道,天然气通往该乡镇的每个村庄,该乡镇距离城市中心区 40 km,需要从市区次高压管网(1.6 MPa)调压站引出一条中压支线管道(0.4 MPa)到该乡镇(点 C 或点 D)。中压管道的建设费用为 130 万元/km,庭院及入户部分由政府、村民和燃气公司共同承担,成本为 2 000 元/户。

(3) 如在该乡镇建设小型 LNG 储罐,LNG 储罐的容量为 100 m^3(45 t),LNG 储罐的建设费用为 60 万元/台,LNG 储罐的运行和维护费用为 2 万元/月,槽车的容量为 53 m^3,即 23.85 t($3.53×10^4\ \text{m}^3$),槽车的运输费用为 25 元/km,那么槽车每年需要向此储罐运送的次数 $N=131.76÷23.85≈$ 5.52,即槽车每年需要向此储罐运输 6 趟液化天然气,总路程 $S=40×6=$ 240(km)(注:此处只计算槽车的单程配送成本,返回路程忽略不计)。

表 5-5 是中压管道输送天然气和槽车运输液化天然气的相关成本情况。

表 5-5　中压管道输送天然气和槽车运输液化天然气的相关成本情况

建设项目	中压管道建设	入户管网建设	LNG 储罐建设	LNG 储罐运行和维护	槽车运输
成本费用	130 万元/km	2 000 元/户	60 万元/台	2 万元/月	25 元/km

根据以上参考数据,假如中压管道和入户管网的使用年限按照 50 年计算,50 年后设备的折旧率为 100%,即达到完全报废标准,LNG 储罐的使用年限按照 30 年计算,30 年后设备的折旧率为 100%,那么依据使用年限计算供气成本如下。

(1) 如果铺设天然气管道到该乡镇,中压管道按照 50 年折旧 100%,那么 40 km 中压管道的建设费用 $C=130×40=5\,200(\text{万元})$,总费用 $P_n=5\,200+$ $0.2×271=5\,254.2(\text{万元})$,分摊到每年的费用 $\overline{P}_{ni}=5\,254.2÷50≈105.1$ (万元)。

(2) 如果采用在该乡镇点 C 或点 D 建设小型 LNG 储罐,并用槽车运输天然气的方式供应天然气,那么 LNG 储罐的建设费用为 60 万元,按照 30 年折旧100％，LNG储罐的运行和维护费用 $R=2×12×30=720$（万元）；按照槽车每两个月运输一趟以保证LNG储罐有足够储备供应，那么槽车运行30年的运输费用 $T=40×6×25×30×10^{-4}=18$（万元）。总费用 $P_1=60+720+18+0.2×271=852.2$（万元），分摊到每年的费用 $\overline{P}_{1j}=852.2÷30≈28.4$（万元）。

供应管道天然气和液化天然气平均每立方米成本分析见表5-6。

表5-6 供应管道天然气和液化天然气平均每立方米成本分析

	年成本费用/万元	其他费用/万元	年天然气用量/m³	天然气输送成本/(元/m³)
管道天然气	105.1	—	$1.95×10^5$	5.39
液化天然气	28.4	—		1.46

从表5-6中可以看出，如采用中压管道输送天然气到该乡镇，平均每立方米天然气输送成本高达5.39元，如采用建设小型LNG储罐和使用槽车运输的方式，平均每立方米天然气输送成本为1.46元。假如所属城市的天然气门站价格为2元/m³，那么该乡镇天然气供应的兜底价格 $Q=3.46$ 元/m³，建议零售价在4元/m³左右，如果煤改气有政府政策支持和资金补贴，那么该乡镇村民可以享受到和城市居民同样价格的天然气。

5.4 结 论

本章首先从一个简单的数学规划模型入手，设计了单个燃气公司向某城市下辖某乡镇部分村民供应瓶装液化石油气的选址方案，用MATLAB软件给出了最佳的选址规划方案；然后在假设政府决定对该乡镇所有村庄实施煤改液化石油气的前提下，用LINGO软件规划了液化石油气储配站的最佳选址方案，其亮点在于这是在此储配站与村庄之间的距离的基础上加入了村民户数作为权重的选址规划方案；最后讨论了该乡镇实施煤改天然气的可行性方案，分别分析了供应管道天然气和液化天然气的成本。结果表明，在相较于市区而言的地广人稀的农村地区，采用建设小型LNG储罐的方式供应天然气要比铺设天然气管道输送天然气更经济，平均每立方米天然气输送成本只有

1.46元。无论是煤改液化石油气还是煤改天然气,都取决于该地区的区域位置和资源禀赋。如果该地区位于天然气产区,或者在布局有 LNG 接收站的沿海区域,那么天然气价格低,采用煤改天然气有优势;如果该地区位于石油炼化基地附近,或者在进口 LPG 储罐站辐射范围之内,又或者有成熟的 LPG 物流设施覆盖条件,那么液化石油气价格会较低,采用煤改液化石油气有优势。

参考文献

［1］ 龚安保,卓莹莹,姜文文,等.农村煤改气(电)情况调研及效益评估——以山东省为例[J].山东师范大学学报(自然科学版),2020,35(2):224-231.

［2］ 朱琳,马秀琴,郭铭昕,等.京津冀地区农村煤改气现状及减排潜力分析[J].能源与节能,2020(5):41-44.

［3］ 王江涛.探讨农村"煤改气"工程相关问题及解决措施[J].城市建设理论研究(电子版),2020(13):96.

［4］ 王金南,万军,王倩,等.改革开放40年与中国生态环境规划发展[J].中国环境管理,2018,10(6):5-18.

［5］ 吴舜泽,万军.科学精准理解《"十三五"生态环境保护规划》的关键词和新提法[J].中国环境管理,2017,9(1):9-13,32.

［6］ 徐梦佳,刘冬,顾金峰.面向"十四五"的生态环境保护规划指标分析与建议[J].环境生态学,2019,1(6):27-32.

［7］ 何林.北京地区农村能源应用比较研究[D].北京:北京建筑大学,2018.

［8］ 刘江涛,高慧明,刘建伟,等.北京市农村"煤改气"燃气供应相关技术研究[J].煤气与热力,2016,36(9):27-32.

［9］ 李持佳,邱迪,赵立春,等.北京市农村"煤改气"配套场站典型设计[J].城市燃气,2018(1):16-20.

第6章　曲线拟合模型

在实际工作中,变量间未必都呈线性关系,如服药后血药浓度与时间的关系、疾病疗效与疗程长短的关系、毒物剂量与致死率的关系等通常呈曲线关系。曲线拟合(Curve Fitting)是指选择适当的曲线类型来拟合观测数据,并用拟合的曲线方程分析两变量间的关系[1,2]。

在科学实验或社会活动中,通过实验或观测得到量 x 与 y 的一组数据对 $(x_i, y_i)(i=1, 2, \cdots, m)$,其中 x_i 是彼此不同的。人们希望用一类与数据的背景、材料、规律相适应的解析表达式 $y = f(x, c)$ 来反映 y 与 x 之间的依赖关系,即在一定意义下"最佳"地逼近或拟合已知数据。$f(x, c)$ 常称作拟合模型,其中 $c = (c_1, c_2, \cdots, c_n)$ 是待定参数。当 c 在 f 中线性出现时,称为线性拟合模型,否则称为非线性拟合模型。有许多衡量拟合优度的标准,常用的一种做法是选择参数 c,使拟合模型与实际观测值在各点的残差(或离差)$e_k = y_k - f(x_k, c)$ 的加权平方和达到最小,此时所求得的曲线为在加权最小二乘意义下对数据的拟合曲线。有许多求解拟合曲线的方法,对于线性拟合模型,一般通过建立和求解方程组来确定参数,从而求得拟合曲线;至于非线性拟合模型,则要借助求解非线性方程组或者用最优化方法求得所需参数后才能得到拟合曲线,有时称之为非线性最小二乘拟合[3,4]。

6.1　不同菜系的餐饮业用户用气量研究

中国地大物博,美食丰富,各大菜系均能够在深圳市找到扎根的营地,然而各大菜系的烹饪用气量是否有差别,差别有多大,迄今为止还没有人给出具体的答案。为此,本节考察了深圳市具有代表性的 10 个商业综合体的 94 家餐饮店的规模和用气量情况,获得了 94 个样本的有关数据,涵盖粤菜、川菜、湘菜、江南菜、西北菜五个菜系餐厅及各式火锅店的用气量数据。原则上,要考察各个菜系餐厅的用气量情况,还要考虑到餐厅规模、客流量指标,这样所得的相同规模下各个菜系餐厅的用气量数据才有意义。为了更进一步比较准确地考察各个菜系餐厅的用气量情况,必须寻求一个更加可靠的坐标系,把各个菜系的餐厅置于同一坐标系下进行比较。为此,以餐厅的客流量为指标进行用气量比较,这样得出的结果才具有相对的准确性。为了求出餐厅的年客流量,还要考察不同餐厅的上座率,由上座率和客座数求出年客流量,从而得出每万人每餐的用气量。该结果和以客座数为指标得出的结果基本相同,仅有细微的差别,但是数据的可靠性和准确性得到大大提高。

然而在实际考察中,发现以下问题:一是不用气而用电的商业用户占相当大的比例,比如几乎全部西餐厅、主营西北菜的"西贝莜面村"、一些商业综合体的地下餐饮店;二是 2020 年的新冠肺炎疫情导致大量餐饮店倒闭,新开张的餐饮店大多从 2023 年 6—9 月开始营业,出现 2019 年存在的餐饮店的数据已无法统计、目前现存的餐饮店的客流量不稳定等情况。因此,从 94 家样本餐厅中剔除了西餐厅及其他只用电的商业用户,对于 2023 年新开张的餐饮店,用类比的方法倒推 2019 年的等价用气量,以得到用气量相对比较准确的结果。

6.1.1　基于客流量的不同菜系的餐饮业用户用气量比较

不考虑上座率(客座比),仅以餐厅规模(客座数)为指标来衡量餐厅客流量必然导致极大的误差,主要原因是各个餐厅的上座率并不相同,甚至存在较大的差别。比如大型商业综合体内的高档餐厅,人均消费额较大,因此客流量会较小,上座率会较低;而一般的亲民型普惠餐厅,人均消费额较小,因此客流量会较大。与高档餐厅相比较,亲民型普惠餐厅更容易出现排队就餐的情况,因此必须考虑不同餐厅的客流量情况,以客流量为指标比较各个菜系餐厅的用气量水平。

1. 餐厅上座率与人均消费额的函数关系

定义年客流量为 Q，则

$$Q = Cyt \tag{6-1}$$

式中　Q——年客流量，人次；

　　　C——客座数，个；

　　　y——上座率；

　　　t——时间，此处取 1 年，即 $t = 365\ \text{d}$。

可以注意到人均消费额对上座率的影响，价格越是亲民，上座率越是高，典型的例子是路边的小摊和大饭店的区别。在考察客流量时，发现在卓悦汇商业中心，尤其是周末用餐时间，"外婆家"的排队人数远多于"圣丰城"，也多于"润园四季"。为此，抽取 13 家具有代表性的餐厅，其人均消费额 x 在 50～300 元内不等，在日常用餐时间考察其客流量情况，以上座率为指标进行研究。上座率的考察方法是计算在每天的就餐时间 11:00—13:00 和 18:00—20:00 进入餐厅的客人数与该餐厅的客座数的比值。该比值与人均消费额之间呈现明显的反比关系，如表 6-1 所示。

表 6-1　上座率和人均消费额的关系

餐　　厅	客座数(C)/个	人均消费额(x)/元	上座率(y)
圣丰城(卓悦汇)	440	116	0.80
客语(卓悦汇)	160	76	1.35
陶源酒家(金光华)	260	158	0.76
圣丰城(COCO Park)	216	118	0.82
圣丰城(COCO City)	400	97	0.86
翠园(万象城)	304	258	0.75
粤菜王府(KK Mall)	360	300	0.68
巴蜀风(卓悦汇)	206	79	1.29
巴蜀风月(COCO Park)	290	93	0.80

续　表

餐　厅	客座数(C)/个	人均消费额(x)/元	上座率(y)
费大厨(卓悦汇)	118	74	1.38
外婆家(卓悦汇)	196	62	1.65
钱塘潮(COCO Park)	112	151	0.75
九毛九(COCO City)	162	54	1.78

　　根据表 6-1 所列数据,以人均消费额为横坐标、上座率为纵坐标,将考察的结果用图的形式表现出来,如图 6-1 所示。

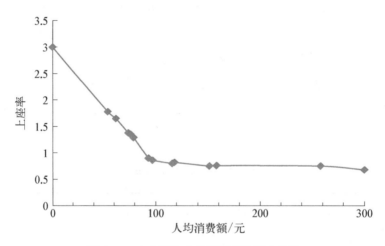

图 6-1　上座率和人均消费额的样本曲线

　　上座率与人均消费额之间存在图 6-1 所示的曲线关系,现要把此曲线关系变为通用的函数关系。由于该曲线和阻滞增长模型(Logistic 模型)曲线[5-8]有一定的相似之处,因而可利用 Logistic 模型进行适当的变换。Logistic 模型的一般表达式为

$$y(x)=\dfrac{y_{\mathrm{m}}}{1+\left(\dfrac{y_{\mathrm{m}}}{y_0}-1\right)\mathrm{e}^{-rx}} \tag{6-2}$$

式中,$y_0=y(0)$;$y_{\mathrm{m}}=\max(y)$;r 为 $x=0$ 时的理论增长率。

<<<<

将式(6-2)沿对称轴 $y = \dfrac{1}{2} y_m$ 翻转,得到函数:

$$y(x) = y_m - \frac{y_m}{1 + \left(\dfrac{y_m}{y_0} - 1\right) e^{-rx}} \tag{6-3}$$

将式(6-3)沿 $-x$ 轴方向移动距离 x_t,其中 $x_t = \dfrac{1}{r} \ln\left(\dfrac{y_m}{y_0} - 1\right)$,得到

函数:

$$y(x) = y_m - \frac{y_m}{1 + \left(\dfrac{y_m}{y_0} - 1\right) \exp\left\{-r\left[x + \dfrac{1}{r}\ln\left(\dfrac{y_m}{y_0} - 1\right)\right]\right\}} \tag{6-4}$$

将式(6-4)化简,得到函数:

$$y(x) = y_m - \frac{y_m}{1 + e^{-rx}} \tag{6-5}$$

由初始条件 $y(0) = 3$ 得出 $y_m = 6$,用最小二乘法进行数据拟合,求得 $r = 0.006\,86$,即

$$y(x) = 6\left(1 - \frac{1}{1 + e^{-0.006\,86x}}\right) \tag{6-6}$$

根据式(6-6)绘出上座率随人均消费额变化的曲线,如图6-2所示。

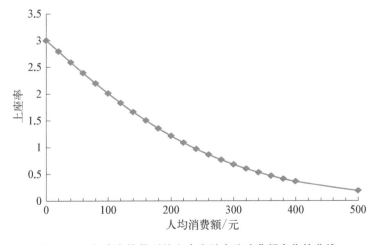

图 6-2　初步变换得到的上座率随人均消费额变化的曲线

从图 6-2 中可以看出,由式(6-6)求得的上座率和人均消费额的关系与实际情况相差较大。仔细观察初步变换得到的上座率随人均消费额变化的曲线,可以看出实际曲线的曲率比 Logistic 模型的曲率大,因此需改进函数关系式(6-5),将其变为

$$y(x)=y_m\left(1-\frac{1}{1+e^{-r\sqrt{x}}}\right) \tag{6-7}$$

由初始条件和最小二乘法求得 $y_m=6$,$r=0.151$。 那么改进后的上座率随人均消费额变化的函数关系式为

$$y=6\left(1-\frac{1}{1+e^{-0.151\sqrt{x}}}\right) \tag{6-8}$$

根据式(6-8)绘出上座率随人均消费额变化的曲线,如图 6-3 所示。可见改进后的上座率和人均消费额的关系与实际情况吻合得很好。

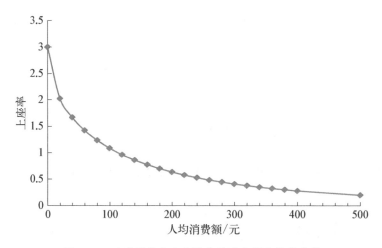

图 6-3 改进后的上座率随人均消费额变化的曲线

先由式(6-8)分别求出不同餐厅的年客流量,然后用年用气量除以年客流量,得出每万人每餐的用气量:

$$\bar{V}=\frac{\sum V}{\sum Q}\times 10\,000=\frac{\sum V}{\sum Cyt}\times 10\,000 \tag{6-9}$$

式中,$y=6\left(1-\dfrac{1}{1+e^{-0.151\sqrt{x}}}\right)$。

2. 五个菜系餐厅及火锅餐厅每万人每餐的用气量分析

(1) 粤菜餐厅的年客流量及年用气量(表6-2)

表6-2 10家粤菜餐厅的年客流量及年用气量

餐　厅	客座数(C)/个	人均消费额(x)/元	上座率(y)	年客流量(Q)/人次	年用气量(V)/m³
圣丰城(卓悦汇)	440	116	0.986 0	158 352	164 580
客语(卓悦汇)	160	76	1.268 5	74 080	78 286
港丽茶餐厅(卓悦汇)	212	102	1.072 3	82 975	61 127
点都德(卓悦汇)	308	79	1.243 0	139 738	126 247
陶源酒家(金光华)	260	158	0.782 0	74 212	125 959
圣丰城(COCO Park)	216	118	0.974 6	76 837	136 893
圣丰城(COCO City)	400	97	1.106 1	161 491	134 083
翠园(万象城)	304	258	0.487 5	54 093	109 740
粤菜王府(KK Mall)	360	300	0.408 9	53 729	169 975
唐苑开饭(中心城)	180	87	1.178 9	77 454	53 496
合　计				952 961	1 160 386

用平均值的方法计算得到粤菜餐厅每万人每餐的用气量:

$$\bar{V}(1) = \frac{\sum V}{\sum Q} \times 10\ 000 = \frac{1\ 160\ 386}{952\ 961} \times 10\ 000 \approx 12\ 177(\text{m}^3) \quad (6-10)$$

(2) 川菜餐厅的年客流量及年用气量(表6-3)

表6-3 3家川菜餐厅的年客流量及年用气量

餐　厅	客座数(C)/个	人均消费额(x)/元	上座率(y)	年客流量(Q)/人次	年用气量(V)/m³
巴蜀风(卓悦汇)	206	79	1.243 0	93 461	60 621
巴蜀风月(COCO Park)	290	93	1.134 3	120 066	101 011

餐　厅	客座数(C)/个	人均消费额(x)/元	上座率(y)	年客流量(Q)/人次	年用气量(V)/m³
巴蜀风月（皇庭广场）	186	99	1.092 4	74 163	68 099
合　计				287 690	229 731

用平均值的方法计算得到川菜餐厅每万人每餐的用气量：

$$\overline{V}(2)=\frac{\sum V}{\sum Q}\times 10\,000=\frac{229\,731}{287\,690}\times 10\,000\approx 7\,985(\mathrm{m}^3)\quad(6-11)$$

（3）湘菜餐厅的年客流量及年用气量（表6-4）

表6-4　7家湘菜餐厅的年客流量及年用气量

餐　厅	客座数(C)/个	人均消费额(x)/元	上座率(y)	年客流量(Q)/人次	年用气量(V)/m³
俏九州湘西菜（卓悦汇）	140	67	1.350 8	69 026	38 040
费大厨（卓悦汇）	118	74	1.286 0	55 388	47 234
佬麻雀（龙华天虹）	160	80	1.234 6	72 101	39 874
李师傅脆肚（皇庭广场）	92	82	1.218 3	40 911	30 184
费大厨（皇庭广场）	104	74	1.286 0	48 817	51 890
辣可可现炒黄牛肉（皇庭广场）	170	82	1.218 3	75 596	61 796
农耕记湖南土菜（中心城）	320	79	1.243 0	145 182	61 040
合　计				507 021	330 058

用平均值的方法计算得到湘菜每万客人的一餐用气量。

$$\overline{V}(3)=\frac{\sum V}{\sum Q}\times 10\,000=\frac{330\,058}{507\,021}\times 10\,000\approx 6\,510(\mathrm{m}^3)\quad(6-12)$$

（4）江南菜餐厅的年客流量及年用气量（表6-5）

表6-5 5家江南菜餐厅的年客流量及年用气量

餐　　厅	客座数(C)/个	人均消费额(x)/元	上座率(y)	年客流量(Q)/人次	年用气量(V)/m³
外婆家(卓悦汇)	196	62	1.400 7	100 206	50 611
钱塘潮(COCO Park)	112	151	0.811 4	33 170	60 508
绿茶餐厅(龙华天虹)	124	65	1.370 4	62 024	37 712
鼎泰丰(万象城)	124	130	0.909 9	41 182	72 648
外婆家(KK Mall)	356	62	1.400 7	182 007	117 033
合　　计				418 589	338 512

用平均值的方法计算得到江南菜餐厅每万人每餐的用气量：

$$\bar{V}(4) = \frac{\sum V}{\sum Q} \times 10\,000 = \frac{338\,512}{418\,589} \times 10\,000 \approx 8\,087(\text{m}^3) \quad (6-13)$$

（5）西北菜餐厅的年客流量及年用气量（表6-6）

表6-6 3家西北菜餐厅的年客流量及年用气量

餐　　厅	客座数(C)/个	人均消费额(x)/元	上座率(y)	年客流量(Q)/人次	年用气量(V)/m³
九毛九(金光华)	176	51	1.522 9	97 831	55 697
九毛九(COCO City)	162	54	1.487 7	87 968	48 644
大秦小宴(皇庭广场)	228	94	1.127 1	93 797	77 604
合　　计				279 596	181 945

用平均值的方法计算得到西北菜餐厅每万人每餐的用气量：

$$\bar{V}(5) = \frac{\sum V}{\sum Q} \times 10\,000 = \frac{181\,945}{279\,596} \times 10\,000 \approx 6\,507(\text{m}^3) \quad (6-14)$$

（6）火锅餐厅的年客流量及年用气量（表6-7）

表6-7　6家火锅餐厅的年客流量及年用气量

餐　　厅	客座数 (C)/个	人均消费 额(x)/元	上座率 (y)	年客流量 (Q)/人次	年用气量 (V)/m³
润园四季（卓悦汇）	440	107	1.040 2	167 056	25 832
炉鱼（卓悦汇）	104	71	1.313 1	49 845	13 432
海底捞（金光华）	369	104	1.059 3	142 672	83 029
炭舍干锅（金光华）	140	78	1.251 4	63 947	23 874
炭舍干锅（COCO Park）	92	79	1.243 0	41 740	19 203
炭舍干锅（COCO City）	180	86	1.186 6	77 960	79 425
合　　计				543 220	244 795

用平均值的方法计算得到火锅餐厅每万人每餐的用气量：

$$\overline{V}(6) = \frac{\sum V}{\sum Q} \times 10\,000 = \frac{244\,795}{543\,220} \times 10\,000 \approx 4\,506(\text{m}^3) \quad (6-15)$$

6.1.2　结果与讨论

将6.1.1节计算的结果用柱状图表示（图6-4），得到每万人每餐的用气量数据直观比较。

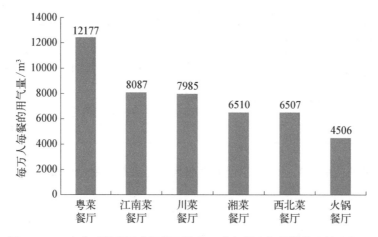

图6-4　五个菜系餐厅及火锅餐厅的每万人每餐用气量柱状比较分析图

从图6-4的比较中可以看出：

（1）粤菜餐厅的单位用气量大，而且比其他菜系餐厅都高出许多，究其原因，是其需在煲汤、烧腊、蒸煮等方面耗费大量的天然气，菜系的特点决定了其单位用气量大于其他菜系餐厅，这一点似乎在意料之中。

（2）单位用气量排名第二的是江南菜餐厅，江南菜以精致著称，其中红烧肉、糖醋排骨等菜品讲究老卤慢炖，火力不旺但是烹饪时间长，耗费的天然气必然比其他菜品多。

（3）川菜餐厅的单位用气量较大，次于粤菜餐厅和江南菜餐厅，粤菜取材广泛、调味多样、讲究火候，特别擅长小煎小炒、干烧干煸，其中干烧菜看微火慢烧，用汤恰当，成菜汁浓油亮、味醇而鲜，由于粤菜既有江南菜的精致特点，又有湘菜的火爆特点，因而其用气量处于两者的用气量之间。

（4）湘菜餐厅在各个菜系餐厅中的单位用气量较小，是因为湘菜的制法以爆炒、干煸为主，炒菜用时少，而且少有炖菜和汤品，这些决定了其单位用气量必然比其他菜系餐厅较小。

（5）西北菜以冷菜和生菜居多，无须烹饪，而且主食以面食为主，面食的烹调时间比米饭类主食所用的时间短，这些决定了西北菜餐厅在各个菜系餐厅中的单位用气量最小。此案例中西北菜餐厅的样本偏少，人气最旺的"西贝莜面村"不用燃气，因此损失了一个重要样本。

（6）由于现在的火锅餐厅一般采用电锅或炭锅，用餐时不需要烧气，其用气主要集中在后厨半成品的制作和一些小菜品的烹饪上，因而其单位用气量远远低于各个菜系餐厅的水平。

6.1.3 结论

本节以深圳市典型商业综合体的五个菜系及各式火锅的餐饮业用户用气量为研究对象，采用改进的 Logistic 模型拟合了餐厅上座率和人均消费额的函数关系，并进一步采用平均值法估算了各个菜系餐厅及火锅餐厅每万人每餐的用气量。结果表明，改进的 Logistic 模型可较好地拟合餐厅上座率随人均消费额变化的曲线，每万人每餐的用气量最大对应的菜系为粤菜，其次为江南菜，火锅餐厅由于采用电驱动方式，因而单位用气量最小。

6.2　燃气中央热水系统设计分析

　　随着智慧城市建设的推进和智能型商业综合体的兴起,智能型中央热水供应设备已逐渐成为人们生活中必不可少的一部分。相比于功能单一、效率低下的分布式小型快速热水器,中央热水供应设备在能源节约化供应、平均单位个体耗能方面具有无可比拟的优势,更容易打造一套更加智能、安全、节能且能全天候供应热水的综合中央热水系统[1]。而如今用户对热水的要求越来越高,热水器设备所产生的热水需要在水温、水压、水流、安全及节能环保等方面都满足用户的最佳用水体验,这就给城燃企业在以燃气为能源供应的中央热水系统上预留更多的开发空间。城燃企业需要从用户需求和体验出发,为用户提供一种包含产品设计、安装、使用、维修等系统化、智能化的燃气中央热水系统。

　　燃气中央热水系统应用场景丰富,涉及酒店、医院、学校、公寓、休闲娱乐场所等多种应用场景,根据项目规模,可以通过多机并联的形式匹配最佳的热源设备数量和储存热水容量,以达到最佳的运行模式。目前研究较多的是太阳能中央热水系统[2-4]和空气源热泵中央热水系统[5,6],而对于基于商用燃气热水器构造的中央热水系统,目前还少有文献报道。

6.2.1　热水供应模式

　　燃气中央热水系统有三种热水供应模式,分别是即热式、储水式和复合式,三种模式的工作原理见图 6-5。即热式燃气中央热水系统适用于用水总量不大且用水点分布较集中,以及安装场地较小甚至无法安装出水设备的场景。储水式燃气中央热水系统适用于用水总量较大、用水点分布较分散、可以承载储水箱的场景。复合式燃气中央热水系统适用于现有系统无法满足使用热水需求的场景,可与多种能源系统组合使用。在复合式燃气中央热水系统中,燃气作为一次能源,可设定在储水箱的水温低于 40 ℃时启动燃气热水器,在储水箱和燃气热水器之间形成小循环,以提升储水容器内的温度。

6.2.2　运行原理

　　并联中央热水系统是指由多台高性能商用燃气热水器组合起来的系统,

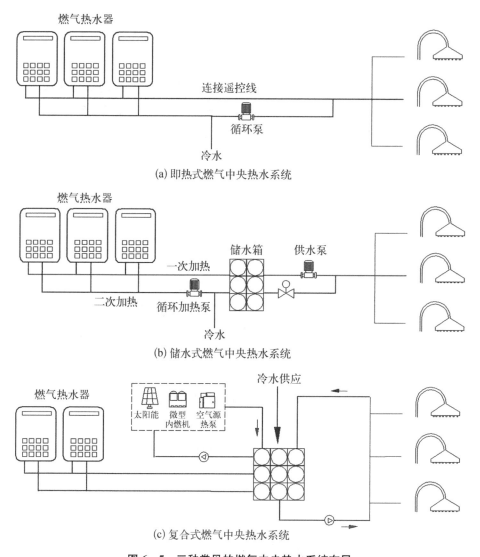

图 6‑5　三种常见的燃气中央热水系统布局

其中储热系统由一个或多个保温的储水箱组成,该储水箱能在瞬间提供很大的热水流量。当少量使用热水时,热水系统不启动运行,由储水箱供应热水;当大量使用热水,储存箱的水温下降到设定温度时,热水系统自动启动运行,确保储水箱的水温恢复至设定温度。可以看出,在安装和使用空间允许的条件下,尽量选择储水式燃气中央热水系统,该系统不仅节水节能,而且对于用水量大、波动性强、热负荷大的用水情景,能最大限度地满足用户的用水需求。

储水式燃气中央热水系统主要包括热水能源站和热水输送系统两部分,

其三维模型见图6-6。其运行原理：首先通过热水循环装置（内），即内循环，将储水箱里的水加热至设定温度（如55℃）；然后热水循环装置（外）让储水箱里的水从热水总管出发，经过用户端的热水分管循环起来，使得用户端的热水一直保持在一定温度（如45℃）。储水箱内的温度传感器时刻测量储水箱的水温，当温度低于55℃时，内循环启动，直至储水箱的水温高于55℃，内循环停止。而外循环始终保持开启状态，当热水分管的水温低于40℃时，系统自动开启回水电动阀，当回水温度高于45℃时，系统自动关闭回水电动阀，这样楼宇内的用户打开水龙头后就可以得到想要的热水，实现热水的即开即用和"零等待"。

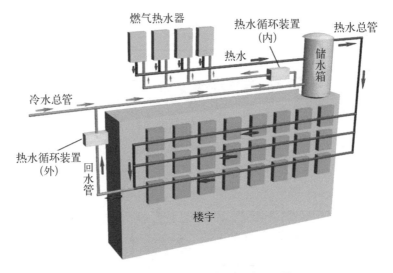

图6-6　储水式燃气中央热水系统三维模型图

6.2.3　耗热量和热水量计算

设计小时耗热量的表达式为

$$Q_h = K_h \frac{m q_r c (T_r - T_1) \rho_r}{t} C_r \tag{6-16}$$

式中　Q_h——设计小时耗热量，kJ/h；

　　　K_h——小时变化系数；

　　　m——用水计算单位数（人数或床位数）；

　　　q_r——热水用水定额，L/(人·d)；

c——水的比热容,kJ/(kg·℃),$c=4.187$ kJ/(kg·℃);

T_r——热水温度,℃,$T_r=60$ ℃;

T_1——冷水温度,℃;

ρ_r——热水密度,kg/L;

t——每日使用时间,h;

C_r——热水供应系统的热损失系数,$C_r=1.10\sim1.15$。

因此,小时耗热量可表达为

$$Q_d=\frac{mq_r c(T_r-T_1)\rho_r}{t}C_r \tag{6-17}$$

设计小时耗热量(Q_h),即最大小时耗热量:

$$Q_h=K_h Q_d \tag{6-18}$$

设计日热水量(Q'_d),即最大日热水量:

$$Q'_d=q_r m \tag{6-19}$$

设计小时热水量(Q'_h),即全天内最大小时热水量:

$$Q'_h=\frac{K_h Q'_d}{24} \tag{6-20}$$

在系统设计中,除基础信息外,还有一个关键的数据参数,就是小时变化系数(K_h),其含义为设计小时耗热量与平均小时耗热量的比值。对于 24 h 的热水供应系统来说,平均小时耗热量为设计日热水量在 24 h 内的平均值,而设计小时耗热量为需要满足共同用水率的值。

6.2.4　项目方案设计

深圳市某酒店拥有 150 间客房,满员入住时可最多容纳 300 人,酒店高 8 层。根据 GB 50015—2019《建筑给水排水设计标准》,酒店用水定额为 110～160 L/(人·d),按照用水定额(q_r)取 120 L/(人·d)计算,该酒店的日常热水需求量为 36 000 L/d。

该酒店日用水量按小时变化的曲线如图 6-7 所示。小时用水变化量呈 M 形,早晚是用水高峰期,白天是用水低谷期,夜晚到凌晨用水最少。需要注意的是,此曲线只是描绘了酒店用水量的变化形状,并不表示酒店日用水量,在一天 24 h 中,纵坐标只是参考值,不能反映用水量的变化,需要用积分曲线来确定该酒店的实际用水量。

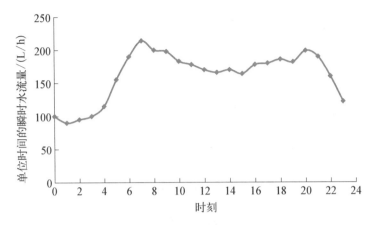

图 6 - 7　酒店日用水量变化曲线

用 Excel 软件自带的曲线拟合工具对三段曲线分别进行拟合,也可以采用最小二乘法,用 MATLAB 软件进行曲线拟合。如图 6 - 8(a)所示,0—7 时,用水量拟合曲线为 $y(1) = a(3.8869x^2 - 9.4345x + 97.375)$;如图 6 - 8(b)所示,7—20 时,用水量拟合曲线为 $y(2) = a(0.8784x^2 - 24.896x + 345.15)$;如图 6 - 8(c)所示,20—24 时,用水量拟合曲线为 $y(3) = a(-2.4268x^2 + 80.257x - 431.17)$。

根据该酒店的日常热水需求量为 36 000 L/d,对 0—24 时的用水量拟合曲线进行积分,可得日用水量 $V = \int_0^7 y(1)\mathrm{d}x + \int_7^{20} y(2)\mathrm{d}x + \int_{20}^{24} y(3)\mathrm{d}x = 36\,000(\mathrm{L})$,求出 $a = 9.3$,从而酒店日用水量的函数关系式为

$$y = \begin{cases} 36.15x^2 - 87.74x + 905.59, & 0 \leqslant x < 7 \\ 8.17x^2 - 231.53x + 3\,209.9, & 7 \leqslant x < 20 \\ -22.57x^2 + 746.39x - 4\,009.88, & 20 \leqslant x < 24 \end{cases} \quad (6-21)$$

拟合后用数学曲线描述的酒店日用水量变化如图 6 - 9 所示。

从图 6 - 9 中可以看出,最大用水量发生在每日 7 时左右和 20 时左右。设上午小时用水峰值在区间 $[a, b]$ 内,那么 7 时一定在区间 $[a, b]$ 内,对应的小时最大用水量可用积分方程来解决。上午从 a 时到 b 时的用水量方程及限制性条件为

$$\begin{cases} \max y_1 = \int_a^7 (36.15x^2 - 87.74x + 905.59)\mathrm{d}x + \\ \qquad\qquad \int_7^b (8.17x^2 - 231.53x + 3\,209.9)\mathrm{d}x \\ b - a = 1 \\ a \leqslant 7 \\ b \geqslant 7 \end{cases} \quad (6-22)$$

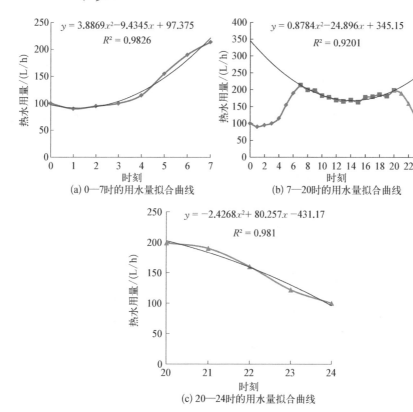

(a) 0—7时的用水量拟合曲线

(b) 7—20时的用水量拟合曲线

(c) 20—24时的用水量拟合曲线

图 6-8 酒店日用水量分段拟合曲线

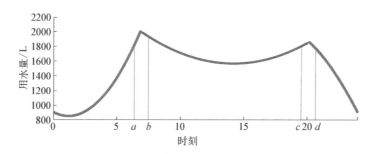

图 6-9 酒店日用水量拟合曲线

当 y_1 取最大值时，$a=6.64$，$b=7.64$，从 a 时到 b 时的用水量为 1 966 L（约 1.97 m³）。同样地，下午小时最大用水量发生在区间 $[c, d]$，从 c 时到 d 时的用水量方程及限制性条件为

$$
\begin{cases}
\max y_2 = \displaystyle\int_c^{20} (8.17x^2 - 231.53x + 3\,209.9)\mathrm{d}x + \\
\qquad\qquad \displaystyle\int_{20}^{d} (-22.57x^2 + 746.39x - 4\,009.88)\mathrm{d}x \\
d - c = 1 \\
c \leqslant 20 \\
d \geqslant 20
\end{cases}
\tag{6-23}
$$

当 y_2 取最大值时，$c=19.55$，$d=20.55$，此小时区间的用水量为 1 836 L（约 1.8 m³）。

6.2.5　结果与讨论

由式(6-17)计算得出小时耗热量(Q_d)为 68.6 kW，由式(6-18)计算得出设计小时耗热量(Q_h)，其中 K_h 的确定过程如下：

根据图 6-9 酒店日用水量拟合曲线，该酒店的高峰用热水时间为每日 7 时左右和 20 时左右。通常情况下，酒店的共同用水率不超过 40%。假设酒店在高峰时段的 1 h 内有 40% 的客房共同使用热水，那么用水量为 $150 \times 40\% \times 120 = 7\,200$(L)，而酒店 24 h 平均用水量为 $36\,000 \div 24 = 1\,500$(L)，则 $K_\mathrm{h} = 7\,200 \div 1\,500 = 4.8$。

由式(6-18)得出 $Q_\mathrm{h} = 68.6 \times 4.8 \approx 329.3$(kW)。本项目采用的热源设备是功率为 62.3 kW 的燃气热水器，设备的型式检验报告显示其热效率大于 88%，考虑到热源设备的热损失，热源设备的功率至少达到 $Q_\mathrm{e} = 329.3 \div 88\% \approx 374.2$(kW)，才能保证该酒店在同一时段共同用水率达 40% 的情况下仍能提供最佳用水体验。

热源设备台数的确定：$S = 374.2 \div 62.3 \approx 6$(台)。

储水箱容积的确定：由式(6-19)和式(6-20)得出设计小时热水量 $Q_\mathrm{h}' = 4.8 \times 120 \times 300 \div 24 = 7\,200$(L)，因此可选 8 m³ 的储水箱，以起到缓冲瞬时用水的作用，并满足在假设极限情况下的大规模用水需求。

6.2.6　结论

本节首先介绍了燃气中央热水系统的三种热水供应模式(即热式、储水式和复合式)的工作原理,接着对燃气中央热水系统的组成、热水的即开即用和"零等待"的构成及控制程序进行了说明,建立了耗热量和热水量的计算模型。以深圳市某酒店日用水量随时间变化的曲线为例,采用三段二阶多项式函数对其进行了拟合,确定了上午和下午时间段的最大用水量。在此基础上,对酒店的燃气中央热水系统小时耗热量进行了计算,对热源设备的功率、台数和储水箱容积进行了设计。结果表明,三段二阶多项式函数可较好拟合酒店日用水量曲线,酒店的设计小时耗热量为 329.3 kW,选用 6 台 62.3 kW 的燃气热水器和 8 m^3 的储水箱可满足用水需求。

参考文献

[1] 李海波,王家华,刘坤禹,等.基于多项式曲线拟合的机箱监测系统校准方案[J].信息技术与信息化,2023(6):21-24.

[2] 陈仕旗,李明臻,苏建功.基于曲线拟合与数据相似度的自动对焦算法[J].南方农机,2023,54(6):131-133.

[3] 张建明,赵巧玲,贾远温.基于改进型偏最小二乘法的谐波责任划分[J].电气时代,2023(5):67-70.

[4] 李滨.基于最小二乘法的孔隙水压力计线性度不确定度评定[J].仪器仪表标准化与计量,2023(1):30-32,45.

[5] 黄毅,邓志英,熊曦,等.基于累积 logistic 回归模型的重金属污染耕地轮作休耕治理满意度影响因素实证研究[J].土壤通报,2021,52(4):947-953.

[6] 张泓铭,吉艳.中国房地产企业转型路径研究——基于 logistic 回归分析[J].华东师范大学学报(哲学社会科学版),2020,52(2):171-180,197.

[7] 郭林,李战江,孔文婷.基于二阶段 Logistic 回归的小企业信用指标判别模型[J].数学的实践与认识,2020,50(20):35-45.

[8] 姜启源,谢金星,叶俊.数学模型[M].5 版.北京:高等教育出版社,2018:141-150.

第 7 章　统计回归模型

回归模型(Regression Model)是对统计关系进行定量描述的一种数学模型。例如,多元线性回归模型可以表示为 $y = \beta_0 + \sum\limits_{i=1}^{n} \beta_i x_i + \varepsilon$,其中 β_0, β_1, $\cdots$, β_n 是 $(n+1)$ 个待估计的参数;ε 是相互独立且服从同一正态分布 $N(0, \sigma^2)$ 的随机变量;y 是随机变量;x 可以是随机变量,也可以是非随机变量。β_i 称为回归系数,表示自变量对因变量的影响程度。

回归分析是一种预测性的建模技术,研究的是因变量(目标)与自变量(预测器)之间的关系。这种技术通常用于预测分析、时间序列模型及发现变量之间的因果关系。例如,研究司机的鲁莽驾驶与道路交通事故数量之间的关系,最好的方法就是回归分析。

7.1　气体火焰传播速度预测

关于特定燃料的基础燃烧特性,层流火焰一向是燃烧学领域关注的重点。层流火焰传播速度是可燃预混气的一种基本化学属性。简单而言,它是指层流火焰相对于静止燃烧壁面的运动速度,受初始温度、压力、烃的结构和混合浓度、添加剂等因素的影响。它与燃料-氧化剂预混气的放热特性、扩散特性及反应特性密切相关,是火焰燃烧行为和燃烧状态的重要表现,因此被当作发展和验证燃料燃烧化学反应动力学机理的重要手段[1-3]。目前,层流火焰传播速度的测量方法主要有本生灯法、圆柱管法、定容球法、驻定火焰法、肥皂泡法、对冲火焰法等[4-6]。

理论和实验发现,对冲火焰法中流场中心轴线上的速度分布符合层流火焰传播速度要求的一维、平面、定常、层流、准绝热、预混火焰等对自由传播速度的定义,更适宜用于研究火焰传播特性的实验工作。因此,对冲火焰法被诸多国内外研究者用在燃料燃烧特性研究上。

本节选取了一些常见的燃料气体,对燃料气体的物化性质和最大层流火焰传播速度进行了统计学研究,通过数学建模的手段揭示了物质物化性质对最大层流火焰传播速度的影响,并基于此模型预测了 1,3-丁二烯的最大层流火焰传播速度及将理论计算结果和实际文献资料进行了对比。

7.1.1 常见燃料气体的最大层流火焰传播速度和物化性质

影响燃料气体最大层流火焰传播速度的常见因素有燃料气体本身的性质、混合气的比例、燃烧起始温度、燃烧压力、湿度和惰性气体等。为确定常见燃料气体的最大层流火焰传播速度,我们搜集了可能与之有一定关系的参数,包括各组分相应于最大层流火焰传播速度的一次空气系数、各组分完全燃烧理论空气需要量、各组分在标准状态下的导热系数。由于受惰性组分影响的衰减系数较难查阅到,因而在此舍去。各组分完全燃烧理论空气需要量只与分子的碳氢数目有关,很难反映该参数对最大层流火焰传播速度的影响,故在此也舍去。常见燃料气体在标准状态(298.15 K,0.1 MPa)下的物化参数如表 7-1 所示[7]。

7.1.2 以燃料类型、烃类型、一次空气系数及导热系数为自变量的线性回归模型

为了区别各燃料气体种类,对相关参变量做如下定义:

$$x_2 = \begin{cases} 1, & H_2 \text{ 或 } CO \\ 0, & \text{有机物} \end{cases} \qquad x_3 = \begin{cases} 1, & \text{烯烃} \\ 0, & \text{其他} \end{cases} \qquad x_4 = \begin{cases} 1, & \text{炔烃} \\ 0, & \text{其他} \end{cases}$$

这样用 $x_3=1$, $x_4=0$ 表示烯烃,用 $x_3=0$, $x_4=1$ 表示炔烃,用 $x_3=0$, $x_4=0$ 表示烷烃。常见燃料气体的基本参数如表 7-2 所示。

表 7-1　常见燃料气体在标准状态下的物化参数

	H_2	CO	CH_4	C_2H_2	C_2H_4	C_2H_6	C_3H_4	C_3H_6	C_3H_8	C_4H_6	C_4H_8	C_4H_{10}
S_{ni} [1]	2.80	1.00	0.38	1.60	0.67	0.43	0.70	0.50	0.42	0.63	0.46	0.38
α_i [2]	0.50	0.40	1.10	0.78	0.85	1.15	1.08	1.10	1.125	1.10	1.13	1.15
λ_i [3]	0.163	0.022 6	0.030 0	0.021 3	0.016 4	0.018	0.015	0.017	0.014 8	0.014 43	0.014 4	0.013 3

① S_{ni}——燃料气体的最大层流火焰传播速度,m/s。
② α_i——各组分相应于最大层流火焰传播速度的一次空气系数,无量纲。
③ λ_i——各组分在标准状态下的导热系数,W/(m·K)。

表 7-2　常见燃料气体的最大层流火焰传播速度及各参数的值

		H_2	CO	CH_4	C_2H_2	C_2H_4	C_2H_6	C_3H_4	C_3H_6	C_3H_8	C_4H_6	C_4H_8	C_4H_{10}
$S_{ni}/(m/s)$	y	2.80	1.00	0.38	1.60	0.67	0.43	0.70	0.50	0.42	0.63	0.46	0.38
碳原子数	x_1	0	1	1	2	2	2	3	3	3	4	4	4
燃料类型	x_2	1	1	0	0	0	0	0	0	0	0	0	0
烃类型	x_3	0	0	0	0	1	0	0	1	0	0	1	0
	x_4	0	0	0	1	0	0	1	0	0	1	0	0
α_i	x_5	0.50	0.40	1.10	0.78	0.85	1.15	1.08	1.10	1.125	1.10	1.13	1.15
$\lambda_i/[W/(m·K)]$	x_6	0.163	0.022 6	0.030 0	0.021 3	0.016 4	0.018	0.015	0.017	0.014 8	0.014 43	0.014 4	0.013 3

基本模型:最大层流火焰传播速度 y 与碳原子数 x_1、燃料类型 x_2、烃类型 x_3 和 x_4、一次空气系数 x_5、导热系数 x_6 之间的多元线性回归模型为

$$y = a_0 + a_1 x_1 + a_2 x_2 + a_3 x_3 + a_4 x_4 + a_5 x_5 + a_6 x_6 + \varepsilon$$

$$(7-1)$$

式中, a_0, a_1, a_2, $\cdots$, a_6 是待回归的系数; ε 是随机误差。

利用 MATLAB 统计工具箱可以得到回归系数、置信区间(置信水平 $\alpha = 0.05$)以及检验统计量 R^2、F、p、s^2 的结果,见表 7-3。

表 7-3 模型的回归系数、置信区间及检验统计量

参 数	参数估计值	参数置信区间
a_0	2.493 7	$[0.860\ 6, 4.126\ 7]$
a_1	0.099 1	$[-0.103\ 5, 0.301\ 7]$
a_2	$-1.005\ 6$	$[-2.198\ 5, 0.187\ 3]$
a_3	$-0.104\ 7$	$[-0.520\ 3, 0.310\ 9]$
a_4	0.220 9	$[-0.239\ 9, 0.681\ 7]$
a_5	$-2.322\ 6$	$[-4.047\ 6, -0.597\ 6]$
a_6	15.167 6	$[10.031\ 6, 20.303\ 7]$

$$R^2 = 0.974\ 5,\ F = 31.896\ 3,\ p = 0.000\ 8,\ s^2 = 0.028\ 3$$

那么最大层流火焰传播速度的函数关系式为

$$\hat{y} = 2.493\ 7 + 0.099\ 1x_1 - 1.005\ 6x_2 - 0.104\ 7x_3 +$$
$$0.220\ 9x_4 - 2.322\ 6x_5 + 15.167\ 6x_6 \qquad (7-2)$$

结果分析:由表 7-3 可知 $R^2 = 0.974\ 5$,即因变量(最大层流火焰传播速度)的 97.45% 可由自变量的变化确定,F 值远远超过 F 检验的临界值,p 远小于 α,因而该模型[式(7-2)]从整体上看是可用的。用该模型预测常见燃料气体的最大层流火焰传播速度,如表 7-4 所示。

表 7 - 4　线性回归模型对常见燃料气体最大层流火焰传播速度的
预测值和实测值的对比

	H_2	CO	CH_4	C_2H_2	C_2H_4	C_2H_6	C_3H_4	C_3H_6	C_3H_8	C_4H_6	C_4H_8	C_4H_{10}
S_{ni} /(m/s)	2.80	1.00	0.38	1.60	0.67	0.43	0.70	0.50	0.42	0.63	0.46	0.38
$\hat{S}_{ni}$ /(m/s)	2.80	1.00	0.49	1.42	0.86	0.29	0.73	0.39	0.40	0.77	0.38	0.42

由表 7 - 4 可知,用此线性回归模型对非烃类燃料气体(H_2 和 CO)预测的结果比较准确,但对于大部分烃类燃料气体,该模型预测的结果存在较大的误差,平均预测误差率高达 18.31%,需要进一步优化。思路之一是将非烃类燃料气体的数据从比较方法中去掉,为此需要把 H_2 和 CO 先从模型中剔除。除此之外,还必须重新选择烃类化合物的物化参数。经综合观察,发现烃类化合物的燃烧速度似乎和碳氢比呈周期性正相关,而气体密度和分子量呈正相关。因此,引入碳氢比和标准状况下的气体密度(简称标况密度)作为重新规划的物化参数并进行线性回归模型规划。

7.1.3　以碳氢比、标况密度、一次空气系数及导热系数为自变量的线性回归模型

改进后常见燃料气体的基本参数如表 7 - 5 所示。

表 7 - 5　改进后常见燃料气体的最大层流火焰传播速度及各参数的值

		CH_4	C_2H_2	C_2H_4	C_2H_6	C_3H_4	C_3H_6	C_3H_8	C_4H_6	C_4H_8	C_4H_{10}
S_{ni} /(m/s)	y	0.38	1.60	0.67	0.43	0.70	0.50	0.42	0.63	0.46	0.38
碳原子数	x_1	1	2	2	2	3	3	3	4	4	4
碳氢比	x_2	0.25	1	0.5	0.333	0.75	0.5	0.375	0.667	0.5	0.4
标况密度 /(kg/m³)	x_3	0.648	1.17	1.138	1.222	1.671	1.785	1.830	1.91	2.327	2.416
α_i	x_4	1.10	0.78	0.85	1.15	1.08	1.10	1.125	1.10	1.13	1.15
λ_i /[W/ (m·K)]	x_5	0.030 0	0.021 3	0.016 4	0.018	0.015	0.017	0.014 8	0.014 43	0.014 4	0.013 3

基本模型：最大层流火焰传播速度 y 与碳原子数 x_1、碳氢比 x_2、标况密度 x_3、一次空气系数 x_4、导热系数 x_5 之间的多元线性回归模型为

$$y = a_0 + a_1 x_1 + a_2 x_2 + a_3 x_3 + a_4 x_4 + a_5 x_5 + \varepsilon \qquad (7-3)$$

式中，a_0，a_1，a_2，$\cdots$，a_5 是待回归的系数；ε 是随机误差。

利用 MATLAB 统计工具箱可以得到回归系数、置信区间（置信水平 $\alpha = 0.05$）以及检验统计量 R^2、F、p、s^2 的结果，见表 7-6。

表 7-6　改进后模型的回归系数、置信区间及检验统计量

参　　数	参数估计值	参数置信区间
a_0	0.605 7	[−1.217 3, 2.428 7]
a_1	−0.200 6	[−0.701 0, 0.299 7]
a_2	1.282 8	[0.446 7, 2.118 9]
a_3	0.345 6	[−0.504 6, 1.195 8]
a_4	−0.844 6	[−2.389 9, 0.700 7]
a_5	13.270 9	[−28.493 0, 55.034 8]

$$R^2 = 0.956\ 4,\ F = 17.552\ 4,\ p = 0.008\ 0,\ s^2 = 0.013\ 1$$

那么最大层流火焰传播速度的函数关系式为

$$\hat{y} = 0.605\ 7 - 0.200\ 6x_1 + 1.282\ 8x_2 + 0.345\ 6x_3 - 0.844\ 6x_4 + 13.270\ 9x_5$$
$$(7-4)$$

结果分析：由表 7-6 可知 $R^2 = 0.956\ 4$，即因变量（最大层流火焰传播速度）的 95.64% 可由自变量的变化确定，F 值远远超过 F 检验的临界值，p 远小于 α，因而该模型[式(7-4)]从整体上看是可用的。用该模型预测常见燃料气体的最大层流火焰传播速度，如表 7-7 所示。

由表 7-7 可知，该模型预测的各烃类燃料气体的最大层流火焰传播速度和实测值相当接近，预测结果比较准确，平均预测误差率仅为 11.42%，这表明该模型有较大的可信度。现通过此线性回归模型预测 1,3-丁二烯的最大层流火焰传播速度。经查阅相关文献[8]，1,3-丁二烯的物化参数如表 7-8 所示。

表 7 - 7　改进的线性回归模型对常见燃料气体最大层流火焰
传播速度的预测值和实测值的对比

	CH_4	C_2H_2	C_2H_4	C_2H_6	C_3H_4	C_3H_6	C_3H_8	C_4H_6	C_4H_8	C_4H_{10}
S_{ni} /(m/s)	0.38	1.60	0.67	0.43	0.70	0.50	0.42	0.63	0.46	0.38
$\hat{S}'_{ni}$ /(m/s)	0.42	1.52	0.74	0.32	0.83	0.56	0.36	0.58	0.49	0.36

表 7 - 8　1,3 - 丁二烯的物化参数

参　　数		参　数　值
S_n/(m/s)	y	待求
碳原子数	x_1	4
碳氢比	x_2	0.667
标况密度/(kg/m³)	x_3	2.374
α	x_4	1.12
$\lambda/[W/(m \cdot K)]$	x_5	0.015 69

用式(7 - 4)求出 1,3 - 丁二烯的最大层流火焰传播速度,为 0.742 m/s。

经查阅相关文献[8],常压空气中 1,3 - 丁二烯的层流火焰传播速度如图

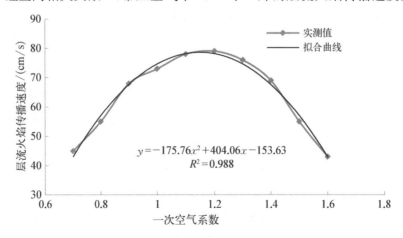

图 7 - 1　1,3 - 丁二烯的层流火焰传播速度拟合曲线

7-1 所示,根据此曲线作出的多项式拟合曲线为抛物线函数。当一次空气系数为 1.15 时,1,3-丁二烯的层流火焰传播速度达到最大值,为 0.786 m/s。可以看出,由该模型求得的 1,3-丁二烯的最大层流火焰传播速度与实测值非常接近。

7.1.4 结论

本节针对一些常见的燃料气体,对其最大层流火焰传播速度和物化性质进行了统计学回归分析研究。结果表明,基于碳原子数、燃料类型、烃类型、一次空气系数、导热系数构建的多元线性回归模型可较好地描述非烃类燃料气体(H_2 和 CO)的最大层流火焰传播速度,对烃类燃料气体(如 CH_4、C_2H_4 等)预测的结果误差较大。进一步地,构建了最大层流火焰传播速度与碳氢比、标况密度、一次空气系数、导热系数等物化参数自变量的改进的多元线性回归模型,利用该模型求得的最大层流火焰传播速度和实测值比较,平均预测误差率仅为 11.42%。基于改进的模型,预测得到的 1,3-丁二烯的最大层流火焰传播速度为 0.742 m/s,与实测值 0.786 m/s 十分接近,显示了该模型的准确性,可用该模型预测其他烃类化合物的最大层流火焰传播速度。

7.2 沼气生成问题

沼气的主要成分是甲烷,它是由含纤维素的有机物质在隔绝空气的情况下受到细菌分解作用而产生的一种有毒易燃气体。我国农村广泛地利用沼气池生成沼气。沼气作为一种卫生、快捷的燃料,一般由植物秸秆残体在保持一定湿度和温度的条件下,与空气隔绝一段时间后自然分解而成。试验证明,如果适当地加入一些有机肥料作为发酵剂,那么可以加快沼气形成。表 7-9 是在向一个确定的沼气池中加入相同质量的同质植物秸秆,并加入不同质量的水(W)和有机肥料(F)后沼气形成时间(t)的对比数据。本节根据这些试验数据分析研究沼气形成时间与水和有机肥料之间的关系,并基于此关系讨论最佳的配料方案。

表 7-9 W、F 和 t 的试验数据

	1	2	3	4	5	6	7	8	9
W/kg	300	400	500	300	400	500	300	400	500
F/kg	200	200	200	250	250	250	300	300	300
t/h	77	68	59	66	62	52	59	55	50

7.2.1   模型假设与分析

1. 模型假设

（1）试验数据是在相同的试验条件下得到的，即沼气池的大小、形状相同，植物秸秆和有机肥料相同，其自身的含水量也相同。

（2）在此不考虑环境温度的影响，虽然在同等条件下高温可以加快沼气形成，但实际上环境温度一般是不可控的。于是我们认为，在一定的适宜温度范围内，温度因素对沼气形成时间的影响不大。

（3）每次试验是独立进行的，并且 W、F 和 t 的试验值是准确的。

2. 模型分析

根据沼气自然形成的原理和有关的常识，在同等条件下，水和有机肥料各自对沼气形成有一定的促进作用，而且两者之间有一定的交互效应，即两者用量不同，产生的效果也是不同的。沼气形成时间不仅与水和有机肥料的用量有关，还与两者的交互作用有关。因此，一般认为沼气形成时间 t 应该是加水量 W 和有机肥料用量 F 的二次多项式函数。为此，可用线性回归方法研究它们之间的关系式。

7.2.2   模型建立与分析

为了便于对问题进行描述，我们不直接将沼气形成时间 t 表示成 W、F 的函数。根据试验数据的分布情况，这里引入两个新变量：

$$u_1 = \frac{W' - 400}{100}, \quad u_2 = \frac{F' - 250}{50} \quad\quad (7-5)$$

式中，W'、F' 分别为相应 W、F 的数值。因此，可以将 t 表示成 u_1、u_2 的二次多项式函数。

首先,构造正交多项式。由试验数据(表 7-9)可得相应的新数据,如表 7-10 所示。

表 7-10　构造的正交多项式系数

	1	2	3	4	5	6	7	8	9	$\bar{u}_i$
u_1	−1	0	1	−1	0	1	−1	0	1	0
u_2	−1	−1	−1	0	0	0	1	1	1	0

实际上,可以证明:

$$\varphi_1(\boldsymbol{u})=1,\quad \varphi_2(\boldsymbol{u})=u_1,\quad \varphi_3(\boldsymbol{u})=u_1^2-\frac{2}{3}$$

$$\varphi_4(\boldsymbol{u})=u_2,\quad \varphi_5(\boldsymbol{u})=u_2^2-\frac{2}{3},\quad \varphi_6(\boldsymbol{u})=u_1u_2 \tag{7-6}$$

在 9 个试验点上是正交的,其中向量 $\boldsymbol{u}=(u_1,u_2)^{\mathrm{T}}$。

于是回归模型的一般形式为

$$t(\boldsymbol{u})=\beta_1\varphi_1(\boldsymbol{u})+\beta_2\varphi_2(\boldsymbol{u})+\beta_3\varphi_3(\boldsymbol{u})+\beta_4\varphi_4(\boldsymbol{u})+\beta_5\varphi_5(\boldsymbol{u})+\beta_6\varphi_6(\boldsymbol{u}) \tag{7-7}$$

即

$$t(\boldsymbol{u})=\beta_1+\beta_2u_1+\beta_3\left(u_1^2-\frac{2}{3}\right)+\beta_4u_2+\beta_5\left(u_2^2-\frac{2}{3}\right)+\beta_6u_1u_2 \tag{7-8}$$

这里可以用最小二乘法求出所有的回归系数 $\beta_i(i=1,2,\cdots,6)$。实际上,根据其正交性,将表 7-10 中的数据代入式(7-8),计算可得回归系数的估计值:

$$\hat{\beta}_1=\frac{549}{9}=61,\quad \hat{\beta}_2=-\frac{41}{6}\approx-6.83,\quad \hat{\beta}_3=-\frac{7}{6}\approx-1.17$$

$$\hat{\beta}_4=-\frac{20}{3}\approx-6.67,\quad \hat{\beta}_5=\frac{4}{3}\approx1.33,\quad \hat{\beta}_6=\frac{9}{4}=2.25 \tag{7-9}$$

各个变量的偏回归平方和为

$$SS_E^{(1)} = 33\ 367, \quad SS_E^{(2)} = 280.\ 17, \quad SS_E^{(3)} = 2.\ 72 \tag{7-10}$$
$$SS_E^{(4)} = 266.\ 67, \quad SS_E^{(5)} = 3.\ 56, \quad SS_E^{(6)} = 20.\ 25$$

总残差平方和为

$$SS_E = \sum_{i=1}^{9} y_i^2 - \sum_{k=1}^{6} SS_E^{(k)} \approx 33\ 944 - 33\ 940.\ 47 = 3.\ 53 \tag{7-11}$$

而且其自由度 $f_E = 9 - 6 = 3$。

其次,考查解释变量的显著性。在偏回归平方和中,最小的是 $SS_E^{(3)} = 2.\ 72$,对应的解释变量为 $\varphi_3(\boldsymbol{u}) = u_1^2 - \dfrac{2}{3}$。它是否要从模型中去掉,需要做进一步的显著性检验。

由于 $MS_E^{(3)} = SS_E^{(3)} = 2.\ 72$,$MS_E = \dfrac{SS_E}{f_E} \approx 1.\ 176\ 7$,因而 F 的统计量为

$$F(1,\ 3) = \frac{MS_E^{(3)}}{MS_E} = \frac{2.\ 72}{1.\ 176\ 7} \approx 2.\ 31 \tag{7-12}$$

当取显著性水平 $\alpha = 0.\ 05$ 时,查表得 $F_\alpha(1,\ 3) = 10.\ 1$,即 $F(1,\ 3) < F_\alpha(1,\ 3)$,于是 $\varphi_3(\boldsymbol{u})$ 在模型中的作用是不显著的,可以将此项从模型中剔除。将相应的偏回归平方和加入总残差平方和中(因为模型是由正交变量构成的,所以可以直接求和),那么 $SS_E = 3.\ 53 + 2.\ 72 = 6.\ 25$,自由度 $f_E = 4$,均值 $MS_E = 1.\ 562\ 5$。

下面进一步考查偏回归平方和次小的解释变量的显著性。显然,次小的是 $SS_E^{(5)} = 3.\ 56$,对应的解释变量为 $\varphi_5(\boldsymbol{u}) = u_2^2 - \dfrac{2}{3}$。类似地,可以计算:

$$F(1,\ 4) = \frac{MS_E^{(5)}}{MS_E} = \frac{3.\ 56}{1.\ 562\ 5} \approx 2.\ 28 \tag{7-13}$$

对于显著性水平 $\alpha = 0.\ 05$,查表得 $F_\alpha(1,\ 4) = 7.\ 71$,即 $F(1,\ 4) < F_\alpha(1,\ 4)$,于是 $\varphi_5(\boldsymbol{u})$ 在模型中的作用也是不显著的,可以将此项从模型中剔除。将相应的偏回归平方和加入总残差平方和中,那么 $SS_E = 6.\ 25 + 3.\ 56 = 9.\ 81$,自由度 $f_E = 5$,均值 $MS_E = 1.\ 962$。

下面再来考查偏回归平方和第三小的解释变量的显著性。显然是

$SS_E^{(6)} = 20.25$，对应的解释变量为 $\varphi_6(\boldsymbol{u}) = u_1 u_2$。类似地，可以计算：

$$F(1, 5) = \frac{MS_E^{(6)}}{MS_E} = \frac{20.25}{1.962} \approx 10.32 \qquad (7-14)$$

对于显著性水平 $\alpha = 0.05$，查表得 $F_\alpha(1, 5) = 6.61$，即 $F(1, 5) >$
$F_\alpha(1, 5)$，于是 $\varphi_6(\boldsymbol{u})$ 在模型中的作用是显著的，即正好反映出水和有机肥料对沼气形成的交互作用。到此为止，模型中没有可以剔除的解释变量了。因此，最后确定的回归模型为

$$t(\boldsymbol{u}) = 61 - \frac{41}{6}u_1 - \frac{20}{3}u_2 + \frac{9}{4}u_1 u_2 \qquad (7-15)$$

将式(7-5)代入式(7-15)，可以得到沼气形成时间 t 与加水量 W 和有机肥料用量 F 的函数关系式。

当 $u_1 = \dfrac{80}{27} \approx 2.96$，$u_2 = 3$，即 $W \approx 696\,\text{kg}$，$F = 400\,\text{kg}$ 时，沼气形成时间有最小值，$t = 40\,\text{h}$。

7.2.3　结论

本节构建了沼气形成时间与水和有机肥料添加量的二次多项式函数关系式，利用线性回归方法对构造的正交多项式进行了拟合，采用最小二乘法求取了线性回归参数，对参数进行了检验并剔除了部分影响不显著的多项式。结果表明，沼气形成时间可表示为 W（加水量）、F（有机肥料用量）和 $W \cdot F$ 的函数，当 $W \approx 696\,\text{kg}$，$F = 400\,\text{kg}$ 时，沼气形成时间最短，为 40 h。

参考文献

［1］ 王志荣.受限空间气体爆炸传播及其动力学过程研究[D].南京：南京工业大学,2005.

［2］ 邓哲,张正泽,李宏岩,等.铝基粉末燃料层流火焰传播速度实验研究[J].推进技术,2021,42(11)：2555-2561.

［3］ 戴鎏,王凯峰,徐朴方,等.CH_4/H_2 混合气在 O_2/CO_2 气氛下层流火焰传播速度的实验研究[J].冶金能源,2020,39(3)：29-32,64.

［4］ 刘长春,徐绍亮,马砺,等.超细水雾作用下 CH_4 层流火焰传播速度数值研究[J].科学技术与工程,2018,18(9)：233-238.

［5］ 彭惠生,钟北京.1-戊烯层流火焰传播速度的测量[J].燃烧科学与技术,2017,23

(6)：492-496.

[6] 肖迪,廉静,纪少波,等.臭氧对甲烷/空气层流火焰传播速度影响规律[J].山东大学学报(工学版),2017,47(4)：59-63.

[7] 任娜娜,薛洁,王治钒,等.热力学数据对1,3-丁二烯燃烧特性的影响[J].高等学校化学学报,2022,43(6)：141-150.

[8] 吕鑫,胡二江,李晓杰,等.高温高压下1,3-丁二烯层流燃烧特性研究[J].工程热物理学报,2019,40(8)：1942-1947.

第 8 章 概率模型

概率模型(Probability Model)是用来描述不同随机变量之间关系的一种数学模型,通常情况下刻画一个或多个随机变量之间的相互非确定性的概率关系。该模型通常表示为(Y, P),其中 Y 是观测数据集合,用来描述可能的观测结果,P 是与 Y 对应的概率分布函数集合。如使用概率模型,一般而言,需假设存在一个确定的概率分布函数来生成观测数据。因此,通常使用统计推断的方法确定集合 P 中数据产生的原因。

大多数统计检验可以被理解为概率模型。例如,对于比较两组数据均值的学生 t 检验,可以看成是对该概率模型参数是否为 0 的检测。统计检验与概率模型的另一个共同点是两者都需要提出假设,并且误差在概率模型中常被假设为符合正态分布。

8.1 概　　述

液化石油气钢瓶的生产流程如图 8 - 1 所示,瓶体的设计厚度不小于 2.5 mm,采用冲轧工艺生产而成[1-7]。由于冲轧机在一定精度的范围内具有随机性,因而瓶体厚度大体上呈正态分布,其均值可以在冲轧过程中由冲轧机调整,而其均方差则由设备的精度决定,不能随意改变。如果冲轧后的瓶体厚度大于设计厚度,那么大于规定值的部分将被视为多余的钢材,从而造成浪费。如果冲轧后的瓶体厚度小于规定值,那么整个瓶体将报废,需要回炉重炼。显然,应该综合考虑这两种情况,以使总的浪费最少。

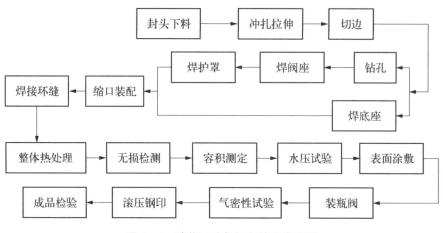

图 8-1　液化石油气钢瓶的生产流程

8.2　课　题　分　析

型号为 YSP35.5 的液化石油气钢瓶的典型参数如表 8-1 所示。

表 8-1　型号为 YSP35.5 的液化石油气钢瓶的典型参数

公称压力	2.1 MPa	介　质	液化石油气
钢瓶内径	314 mm	瓶体设计厚度	2.5 mm
钢瓶高度	680 mm	公称容积	35.5 L

概述部分的问题可以叙述如下：已知瓶壁或封头的设计厚度 d 和冲轧后瓶体厚度的均方差 σ，确定冲轧后瓶体厚度的均值 δ，使得当冲轧机调整到 δ 进行冲轧，得到合格成品瓶体时总的浪费最少。

钢坯经冲轧后的厚度记作 x，x 是均值 δ、均方差 σ 的正态随机变量，x 的概率密度记作 $p(x)$，如图 8-2 所示。其中 σ 已知、δ 待确定，在成品钢瓶的瓶体设计厚度 d 给定后，记 $x \geqslant d$ 的概率为 P，即 $P = P(x \geqslant d)$，P 是图中阴影部分的面积。

冲轧过程中的浪费由两部分构成：第一部分是当 $x \geqslant \delta$ 时，造成钢瓶主体

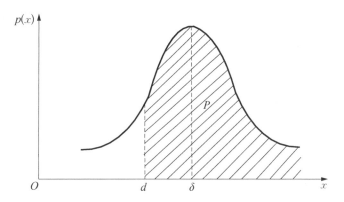

图 8‑2　液化石油气钢瓶瓶体厚度 x 的概率密度

瓶壁过厚而产生的浪费 $(x-\delta)$；第二部分是当 $x < \delta$ 时，造成钢瓶主体瓶壁厚度小于设计值，整个钢瓶主体报废，回炉重炼。从图 8‑2 中可看出，当 δ 变大时，曲线右移，概率增加，第一部分的浪费随之增加，而第二部分的浪费将减少；反之，当 δ 变小时，曲线左移，虽然由钢瓶主体瓶壁厚度增加导致的浪费减少，但是整个钢瓶主体报废的可能性增加。于是必然存在一个最佳的 δ，使得两部分的浪费综合起来最小。

8.3　模型建立和分析

8.3.1　模型建立

针对优化问题，建模的关键是选择合适的目标函数，并用已知的量 $(d、\sigma)$ 和待确定的量 (δ) 把目标函数表示出来。一种很自然的想法是直接写出上面分析的两部分的浪费，以两者之和作为目标函数。设钢瓶瓶体的表面积为 S，于是得到总的浪费的钢材体积为

$$W = \left[\int_d^\infty (x-d)p(x)\mathrm{d}x + \int_{-\infty}^d xp(x)\mathrm{d}x \right]S \qquad (8\text{-}1)$$

利用 $\displaystyle\int_{-\infty}^\infty p(x)\mathrm{d}x = 1$，$\displaystyle\int_{-\infty}^\infty xp(x)\mathrm{d}x = \delta$ 和 $\displaystyle\int_d^\infty p(x)\mathrm{d}x = P$，式 (8‑1) 可化简为

$$W = (\delta - dP)S \qquad (8\text{-}2)$$

其实,式(8-2)可以用更直接的方法得到。设共冲轧了 N(N 很大)个瓶体壁面,每个壁面的面积为 S,N 个瓶体中可以满足质量标准 $x \geqslant d$ 的只有 PN 个,成品钢瓶用钢材的总体积为 $SdPN$,于是浪费的钢材总体积为 $S(\delta N - dPN)$,平均每生产一个瓶体所浪费的钢材体积为

$$W = \frac{S(\delta N - dPN)}{N} = S(\delta - dP) \tag{8-3}$$

仔细思考,这是不合适的,因为这是只注重产量而忽略效益的。钢瓶冲轧的最终产品是钢瓶瓶体壁面,如果冲轧车间追求的是效益而不是产量,那么浪费的多少不应该以每冲轧出一个瓶体的平均浪费量为标准,而应该用每得到一个合格成品所浪费的平均钢材体积来衡量。为了将目标函数从前者改成后者,需将式(8-3)分母中的钢瓶总产量 N 改为合格钢瓶数 PN 即可。

以平均每得到一个合格的钢瓶瓶体所浪费的钢材体积为目标函数,因为冲轧 N 个钢瓶瓶体时浪费的钢材总体积是 $S(\delta N - dPN)$,而只得到 PN 个合格成品,所以目标函数为

$$J_1 = \frac{S(\delta N - dPN)}{PN} = S\left(\frac{\delta}{P} - d\right) \tag{8-4}$$

因为 d、S 是已知常数,所以目标函数可等价为式(8-4)括号内的第一项,记作

$$J(\delta) = \frac{\delta}{P(\delta)} \tag{8-5}$$

式中,$P(\delta)$ 表示概率 P 是 δ 的函数。实际上,$SJ(\delta)$ 恰是平均每得到一个合格的钢瓶瓶体所浪费的钢材体积。

8.3.2 模型求解与分析

为求 δ 以使 $J(\delta)$ 最小,对于表达式:

$$P(\delta) = \int_d^\infty p(x)\mathrm{d}x, \quad p(x) = \frac{1}{\sqrt{2\pi}\sigma}\exp\left[-\frac{(x-\delta)^2}{2\sigma^2}\right] \tag{8-6}$$

做变量代换:

<<<< -

$$y = \frac{x - \delta}{\sigma} \tag{8-7}$$

并令

$$\mu = \frac{\delta}{\sigma}, \quad \lambda = \frac{d}{\sigma}, \quad z = \lambda - \mu \tag{8-8}$$

$$P(\delta) = \int_{\frac{d-\delta}{\sigma}}^{\infty} \frac{1}{\sqrt{2\pi}\,\sigma} \exp\left(-\frac{y^2}{2}\right) \mathrm{d}(\sigma y + \delta) = \int_{z}^{\infty} \frac{1}{\sqrt{2\pi}} \exp\left(-\frac{y^2}{2}\right) \mathrm{d}y \tag{8-9}$$

因为

$$\int_{-\infty}^{\infty} \frac{1}{\sqrt{2\pi}} \exp\left(-\frac{y^2}{2}\right) \mathrm{d}y = 1 \tag{8-10}$$

所以

$$1 - P(\delta) = 1 - \int_{z}^{\infty} \frac{1}{\sqrt{2\pi}} \exp\left(-\frac{y^2}{2}\right) \mathrm{d}y = \int_{-\infty}^{z} \frac{1}{\sqrt{2\pi}} \exp\left(-\frac{y^2}{2}\right) \mathrm{d}y \tag{8-11}$$

即

$$P(\delta) = 1 - \int_{-\infty}^{z} \frac{1}{\sqrt{2\pi}} \exp\left(-\frac{y^2}{2}\right) \mathrm{d}y \tag{8-12}$$

则式(8-5)可表示为

$$J(z) = \frac{\delta}{P(\delta)} = \frac{\sigma(\lambda - z)}{1 - \Phi(z)} \tag{8-13}$$

式中, $\Phi(z)$ 是标准正态随机变量的分布函数,即

$$\Phi(z) = \int_{-\infty}^{z} \varphi(y)\mathrm{d}y, \quad \varphi(y) = \frac{1}{\sqrt{2\pi}} \mathrm{e}^{-\frac{y^2}{2}} \tag{8-14}$$

式中, $\varphi(y)$ 是标准正态随机变量的密度函数。

注意到 $\Phi'(z) = \varphi(z)$,用微分法求解函数 $J(z)$ 的极值问题。式(8-13)等号两边同时对 z 求导数,并令导数等于 0,得到

$$\frac{\mathrm{d}J(z)}{\mathrm{d}z} = \frac{\sigma[\Phi(z)-1]+\sigma\varphi(z)(\lambda-z)}{[1-\Phi(z)]^2} = 0 \tag{8-15}$$

于是有

$$1-\Phi(z) = \varphi(z)(\lambda-z) \tag{8-16}$$

并记

$$F(z) = \frac{1-\Phi(z)}{\varphi(z)} \tag{8-17}$$

可以得到 $J(z)$ 的最优值 z^* 应满足方程：

$$F^*(z) = \lambda - z \tag{8-18}$$

由于不知道方程 $\dfrac{1-\Phi(z)}{\varphi(z)} = \lambda - z$ 会有多少个根，每个根的正负情况也未

知，因而这里先用作图法分别绘出 $F(z) = \dfrac{1-\Phi(z)}{\varphi(z)}$ 和 $F^*(z) = \lambda - z$ 这两个

函数的曲线，再根据曲线分析方程的根的情况。

由式(8-17)得：

$$F(z) = \frac{1-\displaystyle\int_{-\infty}^{z}\frac{1}{\sqrt{2\pi}}\mathrm{e}^{-\frac{y^2}{2}}\mathrm{d}y}{\dfrac{1}{\sqrt{2\pi}}\mathrm{e}^{-\frac{y^2}{2}}} = \left\{\sqrt{2\pi}-\frac{\sqrt{2\pi}}{2}\left[\mathrm{erf}\!\left(\frac{z}{\sqrt{2}}\right)-\mathrm{erf}\!\left(\frac{-\infty}{\sqrt{2}}\right)\right]\right\}\exp\!\left(\frac{z^2}{2}\right)$$

$$\tag{8-19}$$

由于瓶体设计厚度为 2.5 mm，冲轧设备等因素影响冲轧后瓶体厚度的均
方差为 0.25 mm，那么此时 $\lambda = 2.5 \div 0.25 = 10$，用 MATLAB 软件分别作出
$F(z)$ 和 $F^*(z)$ 的曲线图，如图 8-3 所示。

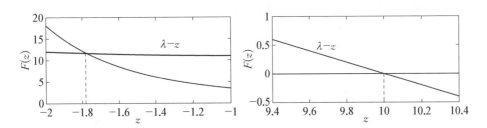

图 8-3　$F(z)$ 和 $F^*(z)$ 的曲线图及式(8-19)的图解法

<<<< -

　　从图 8-3 中可看出,方程 $F(z)=10-z$ 的负数解位于区间 $(-2,-1)$ 内,正数解位于区间 $(9.4,10.4)$ 内。用 MATLAB 软件求得负数解为 -1.78,正数解为 10,但只有负数解满足要求。此时,$\mu^*=\lambda-z=11.78$,$\delta^*=\mu^*\sigma\approx 2.95$,即最佳的平均冲轧厚度应该调整为 2.95 mm。由此还可以算出:

$$P^*(\delta)=\int_{2.5}^{\infty}\frac{1}{0.25\times\sqrt{2\pi}}\exp\left[-\frac{(x-2.95)^2}{2\times 0.25^2}\right]\mathrm{d}x\approx 0.964 \quad (8-20)$$

则平均每得到一个合格的钢瓶瓶体所浪费的钢材体积为

$$J_1=\left(\frac{2.95}{0.964}-2.5\right)\text{mm}\cdot S\approx 0.56\text{ mm}\cdot S \quad (8-21)$$

　　平均每得到一个合格的钢瓶瓶体所浪费的钢材厚度约为 0.56 mm,为了减小这个可观的数值,应该增大 P 的值。但由式 (8-9) 可以看出,要想增大 P 的值,首先应该减小 z 的值(因为 $z<0$),而由式 (8-8) 可以看出,要想减小 z 的值(由于 $z=\lambda-\mu=\dfrac{d-\delta}{\sigma}<0$),应该减小 σ 的值,即设法提高冲轧设备的精度。

8.4　结　　论

　　本章建立了液化石油气钢瓶冲轧过程中关于瓶体厚度分布的概率模型,对于给定的液化石油气钢瓶的瓶体设计厚度及和冲轧机精度有关的均方差,求出冲轧机应该设定的平均冲轧厚度,从而使当冲轧机调整到设定厚度进行冲轧,得到合格成品瓶体时总的浪费最少。在日常生活中,类似的问题有很多。例如,用包装机将某种物品包装成 500 g 为一袋进行出售,在众多因素的影响下,包装封口后一袋的质量是随机的,不妨认为其服从正态分布,均方差已知,而均值可以在包装时调整。出厂检验时精确称量每袋的质量,超过 500 g 的,仍按照 500 g 出售,厂方承担损失;不足 500 g 的,打开封口返工或者直接报废,会给厂方造成更大的损失。如何调整包装时每袋质量的均值,使得厂方损失最小?解决这个问题的思路和本章内容类似,都可以用建立概率模型的方法求出最优值,这是数学建模在生产生活中应用的典型案例。

参考文献

［1］ 王华明,刘小平,余江涌,等. 液化石油气钢瓶爆炸原因分析[J]. 石油和化工设备, 2020,23(8)：80 - 84,79.

［2］ 黄鹏,马俊,次仁朗杰,等. 高海拔条件液化石油气钢瓶充装过程承压性能的研究 [J]. 科学技术创新,2022(6)：192 - 196.

［3］ 范晓东,麻青春,蔡福海,等. 基于 FTA 与 FMEA 的液化石油气钢瓶风险分析[J]. 中国特种设备安全,2019,35(12)：83 - 86.

［4］ 刘荟琼,张诚松,黄雪优. 液化石油气钢瓶爆破试验破口异常原因分析[J]. 特种设备 安全技术,2021(4)：20 - 21.

［5］ 张勤芳,王烈高,徐维普,等. 液化石油气钢瓶热处理技术分析[J]. 化工装备技术, 2018,39(1)：39 - 40.

［6］ 李伟平. 液化石油气钢瓶去应力热处理方案[J]. 化工装备技术,2017,38(1)： 35 - 37.

［7］ 韩春鸣,刘小宁. 液化石油气钢瓶试验压力的研究[J]. 化工装备技术,2007,28(1)： 24 - 27.

第 9 章　量纲分析模型

在工程技术及其他许多领域中，人们希望利用模拟实验来代替对实际现象的研究，例如用水代替石油来研究其在管道中的流动，把设计好的飞机缩小成模型后放在风洞中试验其性能等。利用模拟实验来代替对实际现象的研究，就是首先对实际系统构建物理模型或数学模型进行研究，然后把对模型实验研究的结果应用到实际系统中，这种方法也叫作模拟仿真研究，简称仿真。它遵循的基本原则是相似原理，即几何相似、环境相似和性能相似。这样做不仅在经济上有很大的好处，带来很大的便利，而且使我们有可能在一定程度上预言在目前尚无法达到的条件下出现的某些情况。怎样才能使模拟实验的结果真的对实际有指导意义呢？解决此问题的关键是要做量纲分析。量纲分析法是在物理领域建立数学模型的一种有效的方法。物理学之所以成为严谨的科学，得益于对数学模型的利用。物理学的典型研究方法是把物理原型用数学模型表现出来，通过对输入和输出的量的量纲进行比较，说明物理学规律。量纲分析建模主要依据量纲分析理论中的白金汉 π 定理（Buckingham π Theory）和相似定理（Similarity Theorem）。

9.1　概　　述

天然气管网压力能发电技术作为天然气高效利用的一种途径，将天然气调压释放的能量进行回收，近年来备受关注[1-3]。天然气通常采用管道进行大规模、长距离输送。在输送前，需要先将其加压，通过高压管网输送至下游门站或接收站后再进行调压处理，最后进入城市燃气输配管网。调压过程蕴含

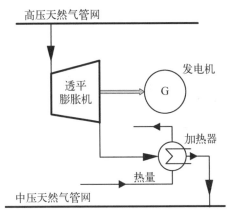

图 9-1   天然气压力能利用原理图

着巨大的能量,这部分压力能一般被白白地浪费掉。在气体膨胀的过程中,压力降低的同时也会导致工质温度降低。因此,天然气管网压力能发电技术的原理:采用膨胀设备与发电机相连接的方式将膨胀过程中的技术功转化为电能,同时处理天然气的温度降低所带来的冷能。天然气压力能利用原理如图 9-1 所示。

天然气压力能利用是当前燃气节能技术的新方向。该技术的广泛应用将有利于推动天然气产业融合,提升燃气节能技术、装备的研发和应用水平,为智能管网建设提供重要的能源供给基础,有力推动燃气行业节能技术水平发展、拓展新的业务领域,为燃气公司创造新的盈利点,为我国节能减排、保护环境、提升能源利用效率做出贡献,因此有广阔的市场前景和重要的现实意义。

9.2   量纲分析建模

9.2.1   天然气压力能利用量纲模型

天然气高压管网压力为 p_1,温度为 T_1,经透平膨胀机发电后压力降为 p_2,温度为 T_2,已知天然气的流量为 q,天然气的气体常数为 R_g,天然气的密度为 ρ,压缩比为 1.5。

选取长度 L、时间 T、质量 M、温度 Θ 为基本量纲,各物理量均采用基本量纲运算来表示。各物理量的量纲如表 9-1 所示。

表 9-1   各物理量的量纲

	压　力	温度	流　量	气体常数	密　度	压力能
符号	p	T	q	R_g	ρ	P_t
单位	MPa	K	m^3/h	$kJ/(kg \cdot K)$	kg/m^3	kW
量纲	$ML^{-1}T^{-2}$	Θ	L^3T^{-1}	$L^2T^{-2}\Theta^{-1}$	ML^{-3}	ML^2T^{-3}

天然气产生的理论压力能为

$$P_t = f(\rho,\ p,\ T,\ R_g,\ q) \tag{9-1}$$

按照瑞利法写出压力能：

$$P_t = k\rho^a p^b T^c R_g^d q^e \tag{9-2}$$

用基本量纲表示方程(9-2)中的各物理量,则有

$$ML^2T^{-3} = (ML^{-3})^a (ML^{-1}T^{-2})^b \Theta^c (L^2T^{-2}\Theta^{-1})^d (L^3T^{-1})^e \tag{9-3}$$

$$\begin{cases} a+b=1 \\ -3a-b+2d+3e=2 \\ -2b-2d-e=-3 \\ c-d=0 \end{cases} \tag{9-4}$$

$$\begin{cases} a=a \\ b=1-a \\ c=a \\ d=a \\ e=1 \end{cases} \tag{9-5}$$

代入式(9-2),得到

$$P_t = k\rho^a p^{1-a} T^a R_g^a q = kp\left(\frac{\rho T R_g}{p}\right)^a q \tag{9-6}$$

考虑到最终结果与压力无关,故将压力能写为

$$P_t = f(p) \cdot (\rho T R_g)^a q \tag{9-7}$$

式中,$f(p)$为一无量纲量。由于压力能随温度的增加而增加且成正比,因而 $a=1$。于是式(9-7)可写成

$$P_t = k\rho T R_g q \tag{9-8}$$

$$k = \ln\frac{p_1}{p_2} \tag{9-9}$$

由天然气的物理性质可知,天然气的气体常数 $R_g = 0.519\ \text{kJ}/(\text{kg} \cdot \text{K})$, 天然气的密度 $\rho = 0.717\ \text{kg/m}^3$。当环境温度 T_0 为 20 ℃,即 293.15 K 时,对

天然气门站做数据分析。进口压力 p_1 采用 1.0 MPa,出口压力 p_2 采用 0.4 MPa,当选取天然气的流量 q 为 500 $\mathrm{m^3/h}$ 时,数据如下:

$$P_t = \rho T_0 R_g q \ln \frac{p_1}{p_2} = 0.717 \times 293.15 \times 0.519 \times \frac{500}{3\,600} \times \ln \frac{1.0}{0.4} \approx 13.88(\mathrm{kW})$$

$$(9-10)$$

9.2.2 温度变化量纲模型

温度的变化 ΔT 与内能变化 P_r、气体的定容比热 c_v、气体的流量 q 和气体的密度 ρ 有关,那么按照瑞利法可以写出

$$\Delta T = k P_r c_v q \rho \qquad (9-11)$$

$$[P_r] = \mathrm{ML^2 T^{-3}}, \quad [c_v] = \mathrm{L^2 T^{-2} \Theta^{-1}}$$
$$[q] = \mathrm{L^3 T^{-1}}, \quad [\rho] = \mathrm{ML^{-3}}, \quad [\Delta T] = \Theta \qquad (9-12)$$

选取

$$\Delta T = k P_r^\alpha c_v^\beta q^\gamma \rho^\delta \qquad (9-13)$$

那么

$$\begin{cases} \alpha + \delta = 0 \\ 2\alpha + 2\beta + 3\gamma - 3\delta = 0 \\ -3\alpha - 2\beta - \gamma = 0 \\ -\beta = 1 \end{cases} \qquad (9-14)$$

解出

$$\begin{cases} \alpha = 1 \\ \beta = -1 \\ \gamma = -1 \\ \delta = -1 \end{cases} \qquad (9-15)$$

求出

$$\Delta T = \frac{P_r}{c_v q \rho} \qquad (9-16)$$

<<<< -

$$T_2 = T_1 - \Delta T = 20 - \cfrac{4.16}{1.626\,9 \times \cfrac{500}{3\,600} \times 0.717} \approx -5.68(℃)$$

$$(9-17)$$

即发电后天然气的温度降低至-5.68℃。

9.3 燃气爆炸能量估计

  2023年6月,宁夏回族自治区银川市兴庆区一烧烤店发生燃气爆炸事故。截至6月22日上午8时,该事故造成31人死亡、7人受伤,令人痛心。节假日、周末,亲朋好友常常选择在路边的餐馆聚餐,沿街餐馆、商铺等"九小场所"点多量大,为衣食住行提供了便利,但由于这类场所容易出现可燃物多、管理薄弱、"三合一"等问题,因而潜藏着事故隐患。为了准确计算燃气爆炸威力,即燃气爆炸释放的能量,在一次燃气爆炸中,监控画面显示了爆炸中冲击波扩散的过程,将监控画面缓慢播放,可以测量出爆炸中冲击波扩散的范围,从而为计算燃气爆炸威力提供依据[4,5]。对某燃气爆炸事故中监控拍摄到的冲击波扩散的画面进行简单处理,得到表9-2中的数据。

表9-2   某燃气爆炸事故中监控画面显示的冲击波扩散的数据

t/ms	r/m	t/ms	r/m	t/ms	r/m	t/ms	r/m	t/ms	r/m
0.10	1.11	0.80	3.42	1.50	4.44	3.53	6.11	15.0	10.65
0.24	1.99	0.94	3.63	1.65	4.60	3.80	6.29	25.0	13.00
0.38	2.54	1.08	3.89	1.79	4.69	4.07	6.43	34.0	14.50
0.52	2.88	1.22	4.10	1.93	4.87	4.34	6.56	53.0	17.50
0.66	3.19	1.36	4.28	3.26	5.90	4.61	6.73	62.0	18.50

  燃气爆炸释放的能量为E,燃气爆炸形成的冲击波呈向四面八方扩散的球形,t时刻冲击波到达的半径为r。除此之外,与r有关的物理量还可能有冲击波周围的空气密度ρ和大气压强p,于是r作为t的函数,还与E、ρ、p有

关,要求的关系是

$$r = \varphi(t, E, \rho, p) \qquad (9-18)$$

更一般的形式记作

$$f(r, t, E, \rho, p) = 0 \qquad (9-19)$$

式(9-19)中有 5 个物理量,下面利用白金汉 π 定理来解决这个问题。

选取长度 L、质量 M 和时间 T 为基本量纲,式(9-19)中各物理量的量纲分别为

$$[r] = L, \quad [t] = T, \quad [E] = L^2 M T^{-2}, \quad [\rho] = L^{-3} M, \quad [p] = L^{-1} M T^{-2} \qquad (9-20)$$

由此得到量纲矩阵:

$$\mathbf{A}_{3\times5} = \begin{bmatrix} 1 & 0 & 2 & -3 & -1 \\ 0 & 0 & 1 & 1 & 1 \\ 0 & 1 & -2 & 0 & -2 \end{bmatrix} \qquad (9-21)$$

因为 $\mathbf{A}$ 的秩是 3,所以齐次方程:

$$\mathbf{A}\mathbf{y} = 0, \quad \mathbf{y} = (y_1, y_2, y_3, y_4, y_5)^{\mathrm{T}} \qquad (9-22)$$

有 5-3=2(个)基本解。

令 $y_1 = 1$, $y_5 = 0$,得到一个基本解为 $y = \left(1, -\dfrac{2}{5}, -\dfrac{1}{5}, \dfrac{1}{5}, 0\right)^{\mathrm{T}}$;令 $y_1 = 0$, $y_5 = 1$,得到另外一个基本解为 $y = \left(0, \dfrac{6}{5}, -\dfrac{2}{5}, -\dfrac{3}{5}, 1\right)^{\mathrm{T}}$。由这 2 个基本解可以得到 2 个无量纲量:

$$\pi_1 = r t^{-\frac{2}{5}} E^{-\frac{1}{5}} \rho^{\frac{1}{5}} = r \left(\frac{\rho}{t^2 E}\right)^{\frac{1}{5}} \qquad (9-23)$$

$$\pi_2 = t^{\frac{6}{5}} E^{-\frac{2}{5}} \rho^{-\frac{3}{5}} p = \left(\frac{t^6 p^5}{E^2 \rho^3}\right)^{\frac{1}{5}} \qquad (9-24)$$

且存在函数 F,使得

$$F(\pi_1, \pi_2) = 0 \qquad (9-25)$$

<<<< --

取式(9-25)的特殊形式 $\pi_1 = \psi(\pi_2)$(其中 ψ 是某个函数),由式(9-23)和式(9-24)即得

$$r\left(\frac{\rho}{t^2 E}\right)^{\frac{1}{5}} = \psi\left(\frac{t^6 p^5}{E^2 \rho^3}\right)^{\frac{1}{5}} \tag{9-26}$$

于是

$$r = \left(\frac{t^2 E}{\rho}\right)^{\frac{1}{5}} \psi\left(\frac{t^6 p^5}{E^2 \rho^3}\right)^{\frac{1}{5}} \tag{9-27}$$

函数 ψ 需要采用其他方式来确定,式(9-27)就是用量纲分析法建立的估计燃气爆炸释放能量的数学模型。

下面介绍燃气爆炸释放能量估计的数值计算。

为了利用表 9-2 中 t 和 r 的数据,由式(9-27)确定燃气爆炸释放的能量 E,必须先估计无量纲量 $\psi(\pi_2)$ 的大小。

从常识来看,燃气爆炸经历的时间非常短,而释放的能量非常大。仔细分析式(9-24),可知 $\pi_2 = \left(\frac{t^6 p^5}{E^2 \rho^3}\right)^{\frac{1}{5}} \approx 0$。于是 $\psi(0)$ 可以看作比例系数 λ,则式(9-27)记作

$$r = \lambda\left(\frac{t^2 E}{\rho}\right)^{\frac{1}{5}} \tag{9-28}$$

为了确定 λ 的大小,可以借助一些小型爆炸试验的数据。此处如果取 $\lambda = 1$,那么能量的近似值估计为

$$E = \frac{\rho r^5}{t^2} \tag{9-29}$$

根据表 9-2 中爆炸冲击波半径和传播时间的关系作出图 9-2,并用 Excel 软件提供的曲线拟合工具进行拟合,即得到 r 和 t 的函数关系:

$$r = 59.284 t^{0.4036} \tag{9-30}$$

取近似数值,得到

$$r = 59.284 t^{0.4} \tag{9-31}$$

代入式(9-29),得到

$$E = \frac{\rho(59.284t^{0.4})^5}{t^2} \qquad (9-32)$$

取空气密度 $\rho = 1.25\ kg/m^{3[6]}$,代入式(9-32),得到

$$E = 1.25 \times 59.284^5 \approx 9.15 \times 10^8 (J) \qquad (9-33)$$

即燃气爆炸释放的能量约为 915 MJ。

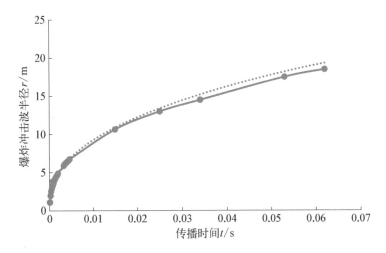

图9-2   某燃气爆炸事故中冲击波扩散速度及其拟合曲线

1 m³ 天然气的热值为 8 500 kcal,换算成国际单位制单位后约为 35.6 MJ,故这次爆炸的天然气量的估计值为 25.7 m³。

9.4   结   论

本章基于白金汉 π 定理和相似定理,对天然气压力能利用领域的膨胀功率和膨胀终了温度的表达式进行了推导,并结合实际数据进行了计算。此外,还利用量纲分析法构建了燃气爆炸事故中冲击波半径和爆炸释放能量、大气压强、空气密度、传播时间这四个参数的无量纲关系式。结果表明,量纲分析法对燃气领域的压力能利用和爆炸分析有很强的适用性,爆炸释放能量与冲击波半径的 5 次方成正比,与传播时间的 2 次方成反比。

参考文献

［1］　徐文东,刘一成,蔡振培,等. 天然气管网压力能发电技术现状及未来发展方向[J].
现代化工,2019,39(12)：11-15,20.

［2］　赵先勤,史宇倩. 天然气压力能发电项目的应用[J]. 煤气与热力,2017,37(5)：1-5.

［3］　朱军. 小型天然气管网压力能发电工艺开发[D]. 广州：华南理工大学,2016.

［4］　温传瑞. 居民户内燃气泄漏事故爆炸力的计算分析[D]. 哈尔滨：哈尔滨工业大
学,2017.

［5］　程浩力,刘德俊. 城镇燃气管道泄漏扩散模型及数值模拟[J]. 辽宁石油化工大学学
报,2011,31(2)：27-31.

［6］　吴天太. 空气密度年变化情况对风电场发电量计算的影响[J]. 太阳能,2023(4)：
22-29.

第 10 章 预测模型专题

10.1 概 述

10.1.1 我国天然气消费情况

2020 年 9 月,在第 75 届联合国大会上,中国政府提出,2030 年前力争将二氧化碳排放达到峰值,2060 年前实现碳中和。目前,我国作为世界第二大经济体,温室气体排放总量位居世界第一,减排潜力巨大。国家实施碳达峰、碳中和的能源战略,坚持"创新、协调、绿色、开放、共享"的新发展理念。自 2018 年以来,我国政府采取了一系列政策措施,管控温室气体的排放,推进气候变化相关工作的进行,碳排放强度显著降低。"双碳"目标的提出,积极推动了我国能源生产和消费革命[1,2]。未来我国的天然气消费趋势,既受到能源经济形势的影响,也受到我国宏观经济前景的影响。众所周知,天然气是一种"桥能源(Bridge-energy)"。这不仅是指天然气是从高碳能源到低碳能源的过渡能源,也是从经济意义上讲的。燃煤对环境危害大,替代煤炭消费已经成为能源发展大潮流。那么,用什么来替代呢? 目前用的是天然气。在美国等国家,天然气可能不是"宝贝",那是因为天然气供求关系比较宽松。可是在中国,天然气目前及在今后较长时间内仍会是"宝贝",因为国内天然气供求关系会长期偏紧。

发展光伏发电和风力发电等可再生电力供应方式,同时发展电取暖等技术,同样能够替代发电和取暖等领域对煤炭的使用。在发电方面,近年来随着科学技术的进步和规模经济的发展,光伏发电和风力发电的成本大幅下降,目前十分接近平价上网水平。天然气发电成本已明显高于光伏发电和风力发电的成本。在取暖方面,在当今中国,由于电价较高,用电力来取暖、过冬还比较奢侈。相比之下,燃气过冬的经济性更好。但是,未来不排除有发生变化的可能。如果我国的电力过剩局面在未来继续加剧,同时电力供应机制发生大变化,电网格局实现高度市场化,不同电网公司之间出现激烈的良性竞争,那么我国可再生能源发电量飞跃的红利也会在寻常百姓家的电费开支中得到体现。另外,煤改电会比煤改气更具经济性。如此一来,天然气的消费市场会进一步变窄。

10.1.2　我国南方某 S 市天然气市场发展现状

南方某 S 市城镇燃气事业经过四十年的发展,实现了从瓶装气向管道气、从液化石油气向天然气的转变,形成了以管道天然气为主、瓶装液化石油气为辅的燃气供应格局。南方某 S 市建成我国大陆第一座亿吨级 LNG 接收站,成为国内第一批利用进口液化天然气的城市,是粤港澳大湾区乃至全国非常重要的液化天然气供应和储备基地;自主建成天然气利用工程、天然气高压输配系统工程、天然气储备与调峰库,直接对接上游气源,形成"上游气源—城燃管网—终端用户"的扁平化供气格局;建立城镇燃气应急储备机制,是国内供气层级少、气源保障能力强的城市之一。南方某 S 市在全国率先实现全市行政区域管道燃气统一经营,开创国内管道燃气特许经营先河;率先推进煤改气、油改气、生物质改气,实现天然气对高污染燃料的替代;全面实施城中村管道燃气改造,有效改善城中村人居环境。因此,燃气在服务城市绿色发展、保障城市能源安全、提升居民生活品质方面的作用持续增强。

"十三五"时期,在政府的高度重视和正确领导下,南方某 S 市城镇燃气事业取得新的突破,城镇燃气供应和储备能力大幅增强,用户规模加速扩大,用气营商环境位居全国前列,智慧化水平显著提升,安全管理能力和优质服务水平明显提高。"十四五"时期,南方某 S 市将主动适应全球能源革命和智能时代新趋势,紧抓"双区"驱动、"双区"叠加、"双改"示范的新机遇,按照加快推进碳达峰、碳中和以及保障和改善民生的新要求,着力解决天然气利用水平不高、燃气安全管理薄弱等问题,努力推动城镇燃气事业高质量发展。

10.1.3　城市燃气负荷预测意义

城市燃气工程是城市公用事业的重要组成部分,是城市基础设施的重要项目,是城市发展与建设的基础性行业,不仅关系到城市居民的生活品质和社会稳定,还关系到城市功能的有效发挥。近年来,我国城市燃气的用气量总体上呈现快速增长的趋势,天然气等清洁能源在城市居民及工业用能结构中的占比稳步上升,燃气输配和利用工程已经成为现代化城市基础设施建设方面的重要投资项目。城市燃气负荷规律及其预测的研究,对提高整个燃气管网的投资效益、实现城市燃气管网的优化调度和安全可靠运行等方面都有十分重要的意义。

(1) 燃气负荷规律及其预测是城市燃气输配管网规划设计的基础依据,也是确定工程系统配置规模大小、设备选型、计算项目经济性和建设资金的基础依据。燃气管网建设投资巨大,必须重视工程项目的经济性,才能保证燃气行业的良性发展。在管网规划设计中,要依据资源和市场条件预测未来的用气量,以制定管道的经济输气规模,优化管道设计及其工艺参数。如负荷预测过大,将增加对系统设备的投资,造成资金浪费和设备积压,降低投资的经济效益;如负荷预测过小,随着燃气利用市场的发展,输气和储气设备将因容量小而不能满足实际需求。因此,恰当地确定负荷水平是管网规划设计的关键。

(2) 燃气负荷预测是确定储气柜(罐)、地下储气库、LNG 事故备用站等储气设施规模的重要依据。燃气输配系统供需气量的不均衡性产生了调峰问题,特别是以非工业生产用气为主的燃气系统,其用气量存在突出的不均匀性。削峰填谷的调峰能力是城市燃气供应系统的一项重要功能,使用储气设施是平衡燃气供需差最直接、最有效的办法。城市燃气的用气负荷规律是确定储气方式和储气规模的重要依据。储气设施的储气规模主要取决于工作气量,这需要在设计阶段超前做出用气量预测,根据用气负荷的特点、供气可靠性和应急储备要求来确定合适的储气规模,在确保供气可靠性的同时兼顾工程项目的经济性。

(3) 燃气负荷预测为签订燃气供销合同提供基础资料。目前,天然气买卖双方多实行"照付不议"的商业运作机制。"照付不议"是指在合同年内,若买方没有提足该合同年的照付不议量,则对于这部分未提量,买方也应支付气款。除此之外,还有超提气量、最大日供气量、最大小时供气量、计划气量等诸多条款,以及相应的气价和违约金条款。这就要求买方同时做好对近期和远期负荷量的预测。若预测值偏大,则白白流失气款;若预测值偏小,则不能满

<<<<

足用户用气需求和市场开发需求,不利于燃气行业的健康发展。因此,准确预测用气负荷可以减少燃气企业不必要的经济损失,也可以保障燃气产业链的正常、经济运转。

(4) 燃气负荷预测是城市燃气优化调度的基础。城市燃气负荷具有突出的不均匀性,有小时、日、月和季节的峰谷波动。但城市气源的供应是相对连续均匀的,不能按照用气负荷的变化而随时调节,因此常采用一定的调度手段来平衡供气与用气,如设置机动气源、利用缓冲用户、建设储气设施等。用气负荷变化规律的掌握和用气负荷的预测,直接关系到整个系统的运行调度方式。同时,各时段的用气负荷预测也是制定气源落实、管网设备检修更换等计划的基础。用气负荷的准确预测有助于燃气企业以最低的成本做好及时、合理的调度,保障燃气输配系统安全、可靠地运行。

(5) 燃气负荷规律及其预测是燃气输配系统工程技术分析的基本依据。在分析工程技术问题时,往往要将其放在特定用气工况的背景下进行研究,如燃气输配系统的有效性分析、事故工况下的应急预案制定等。这样的一些分析中需要典型的负荷分布及其变化曲线,而典型的负荷模型是在对燃气用气工况和负荷规律研究的基础上建立起来的。

(6) 燃气负荷预测是实现燃气管网管理现代化的重要依托。城市燃气负荷规律及其预测对项目的规划、管网设备容量的确定、系统的运行调度及工程技术分析有着重要意义。科学、合理地进行燃气负荷预测是供气部门的日常工作之一,也是燃气企业制定各项发展规划、策略的基本依据。目前,虽然我国许多城市的燃气输配管网都安装了数据采集与监视控制(Supervisory Control And Data Acquisition,SCADA)系统,但对其功能的发挥还显得远远不够。对这些资源做更深层次的整合和利用,必将进一步提高其投资效益。将燃气负荷预测系统与管网动态仿真和 SCADA 系统相结合,既可以保证供气的安全性,又可以降低运行成本,提高供气的经济性。

综上所述,城市燃气负荷预测在燃气输配系统的规划设计、经营管理、运行调度等方面都有极其重要的作用,对保障燃气供应系统经济、安全、可靠运行有着重要意义,是燃气调度部门和燃气输配管网规划设计部门必须具有的基本信息之一。研究城市燃气负荷规律,对燃气负荷进行科学、有效的预测,是目前城市燃气行业急需解决的问题。本章正是基于此目的而进行的一项基础性应用研究,它可为工程实践中的相关问题提供理论指导和技术方案参考,直接为各地燃气供应企业和规划计划部门服务。

10.1.4　预测原理和方法

所谓预测,就是根据事物的变化规律推断它的未来。对于预测的概念,从理论上讲,就是根据已知事件推测未知事件。目前,负荷预测的方法主要可分为定性的经验预测技术和依赖于数量模型的定量预测技术。经验预测技术主要依靠专家或专家组的判断,仅给出一个方向性的结论,预测结果不是数值型的。在实际应用中,从可计入专家经验这一点来说,定性方法的预测精度并不比定量方法的预测精度低,甚至比某些定量方法的预测精度高,尤其是在重大事件等特殊情况下。比较常用的定量预测技术主要有回归预测技术[5,6]、指数平滑预测技术[7,8]、时间序列预测技术[9]、灰色预测技术[10,11]、BP 神经网络预测技术[12]、小波分析预测技术[13,14]、支持向量机预测技术[15,16]及组合预测技术[17]等。这些技术有着成熟的理论基础,在实际管网系统中都有应用,然而它们也有各自的缺陷,实际预测效果并不理想,不能完全满足当前管网系统发展的需要。下面对这些技术做具体介绍。

1. 回归预测技术

回归预测技术是通过分析事物之间的相关关系或因果关系及其影响程度进行预测的一种预测方法。其基本思想是根据历史数据及一些影响负荷变化的外来因素来推断未来时刻的负荷值。按照自变量与因变量之间回归方程的类型,其可分为线性回归和非线性回归两种方法,表达式为

$$y_i = b_0 + b_1 x_1 + b_2 x_2 + \cdots + b_i x_i + \varepsilon_i, \quad i = 1, 2, \cdots, n \quad (10-1)$$

式中,y_i 为预测对象,因变量或被解释变量;x_i 为影响因素,自变量或解释变量;$b_0, b_1, \cdots, b_j$ 为模型回归系数($j = 1, 2, \cdots, k$);ε_i 为除自变量 x_i 之外产生影响的随机变量,即随机误差。

回归方程的因变量是管网负荷,自变量是影响负荷变化的各种因素。影响管网负荷变化的因素有很多,主要有气象、时间(如季节、节假日等)、历史负荷、能源结构、人口、宏观政策及某些随机因素(如厂矿企业投产)。因此,要根据具体情况选择合适的因素来建立模型。

回归模型有以下优点:

① 能研究预测对象与相关因素的相互关系,抓住预测对象变化的实质原

因,预测结果比较可信;

②能给出预测结果的置信区间和置信度,从而使预测结果更加完整和客观;

③考虑了相关性,能运用有关数理统计方法对回归方程进行统计检验,因而对预测对象变化的转折点有一定的鉴别能力;

④方法简单、预测速度快、外推性好。

2. 指数平滑预测技术

指数平滑预测技术的基本思想是用过去数周的同类型日的相同时间的负荷组成一组时间上有序的序列: $y(t)$, $y(t-1)$, $y(t-2)$, …, $y(t-n)$。 对该数组加权平均,计算时应该加大新近数据的权系数,减小陈旧数据的权系数,以体现过程的时变性,数据的重要程度按时间上的远近呈非线性递增。

对于具有水平趋势的时间序列,用第 t 时期的一次指数平滑值作为第 $(t+1)$ 时期的预测值,称为一次指数平滑模型,表达式如下:

$$\tilde{x}_{t+1} = S^{(1)} = ax_t + (1-a)S_{t-1}^{(1)}, \quad t = 1, 2, …, N \qquad (10-2)$$

对于具有线性趋势的时间序列 $\{x_t\}$,用二次指数平滑模型表述如下:

$$\tilde{x}_{t-1} = a_t + b_t T \qquad (10-3)$$

$$a_t = 2S_t^{(1)} - S_t^{(2)}$$

$$b_t = \frac{a}{1-a}(S_t^{(1)} - S_t^{(2)})$$

$$S_t^{(1)} = ax_t + (1-a)S_{t-1}^{(2)}$$

$$S_t^{(2)} = aS_t^{(1)} + (1-a)S_{t-1}^{(2)}$$

式中,$S_t^{(1)}$、$S_t^{(2)}$ 分别为一次、二次指数平滑值;a 为加权系数,$0 < a < 1$。

该方法简单实用,能通过平滑作用自动清除数据序列中的随机波动,尤其是那些不符合统计规律的偶然性波动。

3. 时间序列预测技术

时间序列预测技术是通过对预测对象自身的历史观测数据时间序列的分析处理来研究其发展过程的基本特征与变化规律,并据此预测其未来行为的一种预测方法。该方法中最基本的模型是 ARMA,此模型具有随机差分方程

的形式,即

$$x_t - \varphi_1 x_{t-1} - \varphi_2 x_{t-2} - \cdots - \varphi_n x_{t-n} = a_t - \theta_1 a_{t-1} - \theta_2 a_2 - \cdots - \theta_m a_{t-m}$$

$$(10-4)$$

式中,$x_t (t=1, 2, \cdots, N)$ 为时间序列;$\varphi_i (i=1, 2, \cdots, n)$、$\theta_j (j=1, 2, \cdots, m)$ 分别为各部分的模型参数;$a_t (t=1, 2, \cdots, N)$ 为白噪声序列。式(10-4)表示一个 n 阶自回归、m 阶滑动平均模型,记为 ARMA(n, m)。时间序列预测技术主要有自回归模型[AR(p)]、滑动平均模型[MA(q)]和自回归滑动平均混合模型[ARMA(p, q)]等。

4. 灰色预测技术

灰色预测技术是一种对含有不确定因素的系统进行预测的方法。其研究对象是"部分信息已知,部分信息未知"的"贫信息"不确定性系统,它通过对"部分"已知信息的生成、开发来实现对现实世界的确切描述和认识。该方法具有原理简单、计算方便、预测精度高的优点。

灰色预测一般分为四种类型:

① 灰色时间序列预测 用观察到的反映预测对象特征的时间序列来构造灰色模型,预测未来某一时刻的特征量,或者达到某一特征量的时间。

② 畸变预测 通过灰色模型预测异常值出现的时刻,预测异常值什么时候出现在特定时区内。

③ 系统预测 通过对系统行为特征指标建立一组相互关联的灰色模型,预测系统中众多变量之间相互协调关系的发展变化。

④ 拓扑预测 将原始数据作曲线,在曲线上按定值寻找该定值发生的所有时点,并以该定值为框架构成时点数列,建立模型来预测该定值所发生的时点。

5. BP 神经网络预测技术

人工神经网络无须事先确定输入与输出之间映射关系的数学方程,仅通过自身的训练学习某种规则,在给定输入值时得到最接近期望输出值的结果。作为一种智能信息处理系统,人工神经网络实现其功能的核心是算法。BP 神经网络是一种按误差反向传播(简称误差反传)训练的多层前馈网络。其算法称为 BP 算法,它的基本思想是梯度下降法,利用梯度搜索技术,以期使网络的实际输出值和期望输出值的误差均方差最小,如图 10-1 所示。

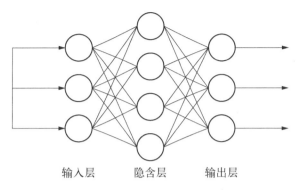

输入层　　　隐含层　　　输出层

图 10－1　BP 神经网络预测技术示意图

基本 BP 算法包括信号的正向传播和误差的反向传播两个过程,即计算误差输出时按从输入到输出的方向进行,而调整权值和阈值时则按从输出到输入的方向进行。在正向传播时,输入信号通过隐含层作用于输出层节点,经过非线性转换产生输出信号,若实际输出值与期望输出值不相符,则转入误差的反向传播过程。误差反传是指将输出误差通过隐含层向输入层逐层反传,并将误差分摊给各层所有单元,以从各层获得的误差信号作为调整各单元权值的依据。调整输入层节点与隐含层节点的连接强度和隐含层节点与输出层节点的连接强度以及阈值,使误差沿梯度方向下降。经过反复学习、训练,确定与最小误差相对应的网络参数(权值和阈值),训练即告停止。此时,经过训练的神经网络即能对类似样本的输入信息自行处理,输出误差最小的经过非线性转换的信息。

6. 小波分析预测技术

小波(Wavelet)这一术语,顾名思义就是小的波形。所谓"小",是指它具有衰减性;而"波"则是指它的波动性,即其振幅正负相间的振荡形式。与傅里叶变换相比,小波变换是时间(空间)和频率的局部化分析。它通过伸缩平移运算对信号(函数)逐步进行多尺度细化,最终达到高频处时间细分、低频处频率细分、能自动适应时频信号分析的要求,从而可聚焦到信号的任意细节,解决了傅里叶变换的困难问题,成为继傅里叶变换以来在科学方法上的重大突破。因此,有人把小波变换称为"数学显微镜"。

小波函数源于多分辨率分析(Multiresolution Analysis,MRA),其基本思想是将扩中的函数 $f(t)$ 表示为一系列逐次逼近表达式,其中每个都是函数 $f(t)$ 经过平滑后的形式,它们分别对应不同的分辨率。多分辨率分析又称多尺度分析,是建立在函数空间概念基础上的理论,其思想的形成来源于工程。创建者 S. Mallat 是在研究图像处理问题时建立这套理论的。当时人们研究图像的一种很普遍的方法是将图像在不同尺度下分解,并将结果进行比较,以取得有用的信息。Meyer 正交小波基的提出使 Mallat 想到,能否用正交小波基的多尺度特性将图像展开,以得到图像不同尺度间的"信息增量"。这种思想诱发了多分辨率分析理论的建立。多分辨率分析不仅为正交小波基的构造提供了一种简单的方法,而且为正交小波变换的快速算法提供了理论依据。其思想又与多采样率滤波器组的思想不谋而合,使我们又可将小波变换同数学滤波器的理论结合起来。因此,多分辨率分析在正交小波变换理论中具有非常重要的地位。

在利用小波函数对管网负荷进行预测时,先根据管网负荷的变化特点,通过对负荷序列进行若干次小波变换,将其分解成不同的尺度成分,然后对不同成分分别进行建模拟合和预测。

7. 支持向量机预测技术

支持向量机(Support Vector Machine,SVM)是一类按监督学习(Supervised Learning)方式对数据进行二元分类的广义线性分类器(Generalized Linear Classifier),其决策边界是对学习样本求解的最大边距超平面。基于数据的机器学习是现代智能技术中的重要方面,其研究从观测数据(样本)出发寻找规律,利用找到的规律对未来数据或无法观测的数据进行预测。传统的统计学研究的是样本数目趋于无穷大时的渐进理论,但实际问题中样本的数目往往是有限的。与传统的统计学相比,统计学习理论(Statistical Learning Theory,SLT)是一种专门研究小样本情况下随机学习规律的理论。Vapnik 等从 20 世纪六七十年代开始了这方面的研究,到 20 世纪 90 年代,由于神经网络等学习方法在理论上缺乏实质性进展,因而统计学习理论逐渐受到重视。统计学习理论指出了经验风险最小并不能保证期望风险最小,提出了结构风险最小化原理:给出了 VC 维(Vapnik-chervonenkis Dimension)概念,指出了为了最小化期望风险而必须同时最小化经验风险和 VC 维。支持向量机预测技术就是基于这个理论的一种模式识别的方法。

8. 组合预测技术

组合预测技术是指将不同的预测方法进行适当的组合,其主要目的是综合利用各种预测方法的优点,尽可能地提高预测精度和稳定性。这种组合思路是直接从预测机理的角度将单一预测模型进行组合,如灰色-神经网络预测技术、模糊逻辑和 RBF 神经网络模型组合(模糊-径向基函数神经网络预测技术)等。

10.2　影响天然气日负荷量的客观因素

10.2.1　假期影响

本节选取南方某 S 市 2013—2022 年国庆节 7 天假日和前后各延长 7 日的天然气日负荷量数据,即每年 9 月 24 日到 10 月 14 日的天然气日负荷情况,并将相关的数据汇总到表 10 - 1 中。根据表 10 - 1 中的数据,绘制国庆节期间及前后南方某 S 市天然气日负荷量的曲线图,如图 10 - 2 所示。可以看出,假期对天然气日负荷量的影响是十分明显的。在国庆节的前一天,天然气日负荷量开始下降,说明此时已经有人开始度假。10 月 2 日到 10 月 3 日的天然气日负荷量达到最低值,之后从 10 月 4 日到 10 月 7 日,天然气日负荷量逐步恢复到正常水平。

同样地,对南方某 S 市 2013—2022 年春节期间及前后的天然气日负荷量也进行分析,其中 2013—2022 年春节的具体阳历日期如表 10 - 2 所示。在春节的前三天,天然气日负荷量开始下降,到除夕和春节,天然气日负荷量达到最低值,之后缓慢恢复到正常水平。图 10 - 3 是 2013—2022 年春节期间及前后南方某 S 市天然气日负荷量的曲线图,其中 7 日是除夕,7—13 日是春节假期 7 天。可以看出,除夕当天的天然气日负荷量持平,甚至还有小幅度的上升,其原因可能在于制作除夕年夜饭使工商业用户用气量增加;在正月初一(8 日)这一天,天然气日负荷量呈现断崖式的下跌,之后缓慢回升;到春节假期结束后复工的第一天(14 日),天然气日负荷量恢复至假期前的水平,一直到 17 日前后才恢复到正常水平。

10.2.2　气温影响

气温对于天然气负荷量是不可忽略的因素之一,南方某 S 市 2013—2022 年 1 月、2 月、3 月、7 月的平均气温和该月份对应的天然气负荷量见表 10 - 3。根据两个具有代表性的月份——冬季的 1 月和夏季的 7 月,提取平均气温和天然气负荷量的数据,将天然气月负荷量随月平均气温变化的情况也显示在表 10 - 3 中。

表 10-1　2013—2022 年国庆节期间及前后南方某 S 市天然气日负荷量的相关数据　（单位：m³）

	9月24日	9月25日	9月26日	9月27日	9月28日	9月29日	9月30日	10月1日	10月2日	10月3日	10月4日
2013 年	1 828 647	1 816 706	1 851 114	1 843 675	1 827 362	1 790 650	1 652 540	1 315 263	1 248 714	1 248 456	1 473 039
2014 年	1 817 099	1 777 824	1 796 114	1 683 985	1 720 048	1 711 441	1 590 336	1 215 339	1 129 982	1 125 461	1 267 443
2015 年	1 922 896	1 958 510	1 790 502	1 641 462	1 735 091	1 736 928	1 615 457	1 275 174	1 193 917	1 196 136	1 394 931
2016 年	1 995 953	1 944 127	2 083 036	2 036 702	2 044 458	2 085 661	1 936 904	1 500 094	1 418 103	1 419 042	1 578 296
2017 年	2 037 286	2 152 520	2 148 790	2 115 583	2 065 412	2 046 725	1 918 842	1 523 641	1 402 759	1 331 820	1 419 607
2018 年	2 069 868	2 374 497	2 484 369	2 357 168	2 417 026	2 354 554	2 170 574	1 669 579	1 562 677	1 586 113	1 927 117
2019 年	2 615 639	2 582 411	2 538 360	2 597 946	2 540 260	2 231 733	2 062 147	1 612 816	1 442 132	1 452 478	1 762 148
2020 年	2 599 616	2 604 650	2 548 044	2 508 464	2 495 114	2 471 104	2 298 914	1 887 134	1 564 734	1 552 046	1 691 928
2021 年	2 731 038	2 670 690	2 653 523	2 650 900	2 725 386	2 670 807	2 515 386	1 949 516	1 900 714	1 870 675	2 065 427
2022 年	2 642 801	2 567 917	2 652 882	2 751 779	2 742 297	2 732 762	2 575 839	2 111 208	1 852 170	1 883 612	2 050 157

	10月5日	10月6日	10月7日	10月8日	10月9日	10月10日	10月11日	10月12日	10月13日	10月14日
2013 年	1 634 918	1 676 348	1 747 679	1 812 155	1 828 288	1 832 456	1 827 950	1 786 839	1 694 875	1 818 139
2014 年	1 420 557	1 618 796	1 695 198	1 814 912	1 832 649	1 878 861	1 822 531	1 664 971	1 903 050	1 902 544
2015 年	1 571 475	1 692 776	1 800 182	1 901 589	1 995 061	1 993 222	1 994 771	2 117 140	2 207 657	2 245 960
2016 年	1 724 596	1 898 518	1 829 700	1 985 725	2 009 605	2 118 827	2 163 371	2 214 392	2 195 079	2 187 937
2017 年	1 532 017	1 741 079	1 891 757	1 941 695	2 079 354	2 141 006	2 105 330	2 085 546	2 114 977	2 184 500
2018 年	2 031 657	2 163 003	2 231 309	2 338 871	2 390 695	2 547 025	2 649 488	2 593 675	2 537 334	2 419 815

续表

	10月5日	10月6日	10月7日	10月8日	10月9日	10月10日	10月11日	10月12日	10月13日	10月14日
2019年	1 931 193	2 084 915	2 245 035	2 317 966	2 409 327	2 302 744	2 320 145	2 431 799	2 227 115	2 373 387
2020年	1 960 390	2 181 020	2 374 918	2 510 670	2 602 954	2 612 320	2 516 668	2 708 900	2 740 226	2 719 792
2021年	2 239 127	2 404 631	2 599 948	2 746 956	2 809 576	2 748 806	2 869 342	3 053 666	3 051 815	3 014 699
2022年	2 261 379	2 386 614	2 635 248	2 676 534	2 742 550	2 850 723	2 998 762	3 033 542	2 934 704	2 926 210

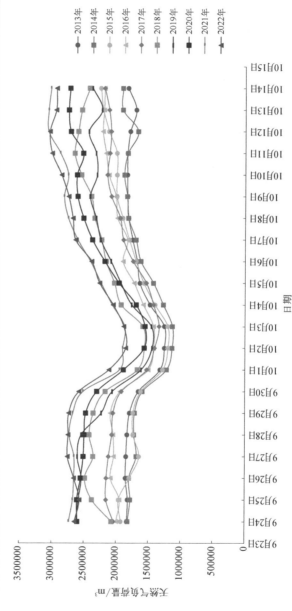

图 10 - 2　2013—2022 年国庆节期间及前后南方某 S 市天然气日负荷量的曲线图

表 10 - 2　2013—2022 年春节阴历日期汇总

年　份	2013	2014	2015	2016	2017	2018	2019	2020	2021	2022
春节阴历日期	2 月 10 日	1 月 31 日	2 月 19 日	2 月 8 日	1 月 28 日	2 月 16 日	2 月 5 日	1 月 25 日	2 月 12 日	2 月 1 日

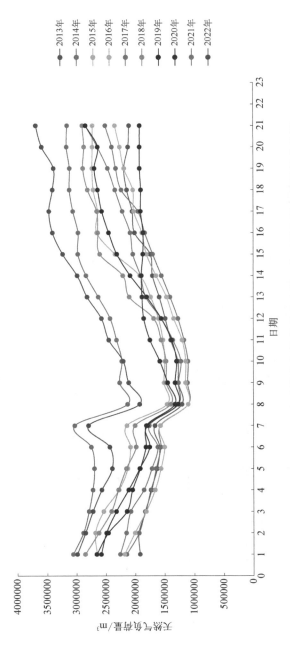

图 10 - 3　2013—2022 年春节期间及前后某 S 市天然气日负荷量的曲线图

表 10‑3　2013—2022 年南方某 S 市 1 月、2 月、3 月、7 月
平均气温和天然气负荷量汇总

	1 月		2 月		3 月		7 月	
	平均气温/℃	天然气负荷量/m³	平均气温/℃	天然气负荷量/m³	平均气温/℃	天然气负荷量/m³	平均气温/℃	天然气负荷量/m³
2013 年	15.9	75 211 515	19.0	51 274 805	20.6	66 831 441	28.9	56 165 637
2014 年	15.9	67 412 849	14.9	58 169 703	18.9	70 361 425	30.2	50 919 410
2015 年	16.3	80 882 854	17.7	54 642 130	20.2	70 593 897	29.4	54 434 233
2016 年	15.1	85 637 155	14.5	69 262 328	17.6	83 033 929	30.2	58 342 926
2017 年	18.1	69 818 655	16.6	72 359 228	19.5	84 429 947	29.2	65 034 585
2018 年	15.7	98 583 005	15.7	72 366 041	20.7	88 058 470	29.3	70 810 734
2019 年	17.4	95 624 148	19.8	66 587 462	20.5	94 461 478	29.7	73 621 380
2020 年	17.8	78 987 482	18.0	62 959 476	21.1	82 560 248	30.2	70 307 676
2021 年	15.5	118 229 750	19.3	80 447 577	21.8	98 284 529	30.0	77 125 246
2022 年	17.3	106 074 413	14.0	97 947 352	21.3	99 136 905	30.1	78 581 034

2013—2022 年南方某 S 市 1 月和 7 月平均气温和天然气负荷量的关系分别如图 10‑4 和图 10‑5 所示。由图可知,天然气负荷量明显和平均气温呈反相关的关系,即平均气温越低,天然气负荷量越大,平均气温越高,天然气负荷

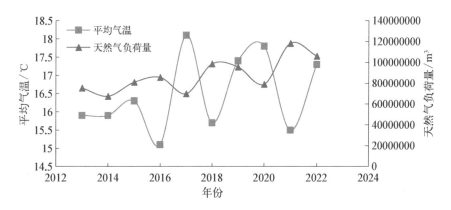

图 10‑4　2013—2022 年南方某 S 市 1 月平均气温和天然气负荷量的关系图

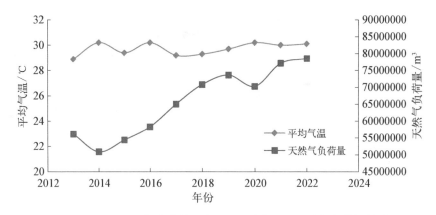

图 10 - 5   2013—2022 年南方某 S 市 7 月平均气温和天然气负荷量的关系图

量越小。究其原因,在天冷的情况下,用燃气进行烹饪、烧水等需要消耗更多的天然气才能达到指定的温度;在气温高的情况下,由于温度反差小,因此消耗的天然气反而少。

10.2.3   工作日和双休日天然气负荷量变化

在整理数据时发现,一周中工作日和双休日的天然气负荷量不尽相同。基于 2019 年 1 月、3 月、7 月、11 月中周一到周日天然气负荷量的平均值(表 10 - 4),绘制天然气日负荷量随工作休息日变化的曲线图,如图 10 - 6 所示。

表 10 - 4   2019 年四个时间段内一周天然气负荷量的平均值汇总 (单位:m³)

	2018 年 12 月 31 日—2019 年 1 月 27 日	2019 年 3 月 4 日—2019 年 3 月 31 日	2019 年 7 月 1 日—2019 年 7 月 28 日	2019 年 10 月 28 日—2019 年 11 月 24 日
周一	3 115 756	3 107 320	2 390 464	2 638 508
周二	3 158 246	3 138 085	2 436 791	2 722 722
周三	3 284 377	3 121 065	2 450 188	2 737 172
周四	3 301 289	3 130 636	2 456 272	2 718 459
周五	3 236 343	3 075 187	2 442 586	2 753 690
周六	3 091 374	2 998 850	2 327 011	2 607 732
周日	2 994 221	2 940 817	2 113 186	2 446 553

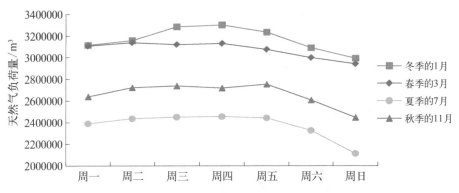

图 10 - 6　周一到周日天然气负荷量随工作休息日变化的曲线图

由图 10 - 6 可知,天然气日负荷量在工作日(周一到周五)趋于平稳,到周六开始下降,周日继续下降到最低值,周一恢复到正常水平。这主要是由于在周末双休日,大多数用户处于休息状态,因此工业用气、商业用气、公服用气会大幅度减少,当然餐饮业用气会小幅度攀升,但还是无法撼动大面积休业状态的影响。

10.3　基于 GM(1,1)模型的天然气负荷量预测

10.3.1　灰色系统理论

近年来,作为探测事物未来发展情况的预测工作越来越受到人们的重视和关注,有越来越多人参与预测工作中。预测是根据事物以往变化的发展过程和客观规律,参照当前已出现的和正在出现的各种可能性,运用现代的数学、统计学、机器学习算法对事物未来的发展情况和变化趋势进行推测和判断的过程。换句话说,预测就是利用现代的方法或模型对未来情况进行判断和预测的过程。

我国的预测工作虽然起步较晚,但是同样取得了令人瞩目的成果,其中灰色系统理论就是由我国学者开创和发展起来的系统理论。灰色系统理论是由我国著名学者、华中科技大学的邓聚龙教授于 1982 年创立起来的。灰色系统理论是一种研究数据少、信息贫的不确定性问题的新方法,以通过对"部分"已知信息的生成、开发来提取有价值信息,从而实现对系统运行行为、发展规律

的正确描述、判断和有效控制。

一般来讲,生态系统、经济系统、社会系统都是灰色系统,灰色系统理论是人为地对同时含有已知信息和未知信息或者不确定信息的系统进行预测,对在一定方位内变化、与时间有关的灰色过程进行预测的过程。尽管在预测过程中,有些数据集看似是随机的,但是事实上是有序且有界的,并且具备潜在规律。灰色预测是指利用这种潜在规律,通过建立数据处理模型来对系统内原始数据进行处理,并挖掘与掌握其内部潜在发展规律,从而对系统未来状态做出准确定量预测。灰色系统理论所建立的模型主要为 GM(1,1) 模型。GM(1,1) 模型是一个近似的差分微分方程模型,具有差分、微分、指数兼容等性质。在建模的过程中,该模型将系统看作一个随着时间不断变化的函数,在历史数据少且不服从典型概率分布的情况下,仍可获得较高的拟合度和预测精度,预测结果较准确。

此外,灰色预测的优势明显、适用范围广,按照预测的功能特征可以分为系统预测、波形预测、灾变预测、季节灾变预测、区间预测、数列预测等类型。从灰色系统理论产生至今已有三十多年,目前已经建立起一门包括以灰色朦胧集为基础的理论体系、以灰色关联度为连接的分析体系、以灰色序列生成为基础的方法体系和以 GM(1,1) 为核心的模型体系的新兴学科理论结构体系。

10.3.2 GM(1,1) 预测天然气年负荷量

用 MATLAB 软件做 GM(1,1) 预测,为了保证 GM(1,1) 模型的可行性,需要对已知的数据进行级比检验。本节选取南方某 S 市 2013—2022 年的天然气年负荷量数据,并列于表 10-5 中。通过级比检验可知,可容覆盖区间(超过此区间需做平移变换)为

$$\Theta = \left(e^{-\frac{2}{n+1}}, \quad e^{\frac{2}{n+1}} \right) = \left(e^{-\frac{2}{10+1}}, \quad e^{\frac{2}{10+1}} \right) = (0.833\,8,\ 1.199\,4) \quad (10-5)$$

表 10-5 2013—2022 年南方某 S 市天然气年负荷量

年份	2013	2014	2015	2016	2017
序号	1	2	3	4	5
量值	721 480 014	711 910 888	761 066 860	826 829 948	860 028 820

续　表

年份	2018	2019	2020	2021	2022
序号	6	7	8	9	10
量值	941 927 858	957 399 517	945 228 160	1 087 059 082	1 116 205 608

GM(1，1)预测的步骤如下。

① 已知参考数据列 $x^{(0)} = (x^{(0)}(1)，x^{(0)}(2)，x^{(0)}(3)，\cdots，x^{(0)}(n))$，一次累加生成序列(1 - AGO)：

$$x^{(1)} = (x^{(0)}(1)，x^{(0)}(1)+x^{(0)}(2)，x^{(0)}(1)+x^{(0)}(2)+x^{(0)}(3)，\cdots，$$
$$x^{(0)}(1)+x^{(0)}(2)+\cdots+x^{(0)}(n)) \tag{10-6}$$

式中，$x^{(1)}(k) = \sum_{i=1}^{k} x^{(0)}(i)$，$k=1，2，\cdots，n$。$x^{(1)}$ 的均值生成序列：

$$z^{(1)} = (z^{(1)}(2)，z^{(1)}(3)，z^{(1)}(4)，\cdots，z^{(1)}(n)) \tag{10-7}$$

式中，$z^{(1)}(k) = 0.5x^{(1)}(k)+0.5x^{(1)}(k-1)$，$k=2，3，\cdots，n$。

② 建立灰色微分方程：

$$x^{(0)}(k)+az^{(1)}(k)=b，\quad k=2，3，\cdots，n \tag{10-8}$$

相应的白化微分方程为

$$\frac{\mathrm{d}x^{(1)}}{\mathrm{d}t}+ax^{(1)}(t)=b \tag{10-9}$$

记 $\boldsymbol{u} = (a，b)^{\mathrm{T}}$，$\boldsymbol{Y} = (x^{(0)}(2)，x^{(0)}(3)，\cdots，x^{(0)}(n))^{\mathrm{T}}$，$\boldsymbol{B} = \begin{bmatrix} -z^{(1)}(2) & 1 \\ -z^{(1)}(3) & 1 \\ \vdots & \vdots \\ -z^{(1)}(n) & 1 \end{bmatrix}$，则用最小二乘法求得使 $J(\boldsymbol{u})=(\boldsymbol{Y}-\boldsymbol{Bu})^{\mathrm{T}}(\boldsymbol{Y}-\boldsymbol{Bu})$ 达到最小值的 $\boldsymbol{u}$ 的估计值：

$$\hat{\boldsymbol{u}}=(\hat{a}，\hat{b})^{\mathrm{T}}=(\boldsymbol{B}^{\mathrm{T}}\boldsymbol{B})^{-1}\boldsymbol{B}^{\mathrm{T}}\boldsymbol{Y} \tag{10-10}$$

于是求解方程(10-9)，得

$$\hat{x}^{(1)}(k+1) = \left[x^{(0)}(1) - \frac{\hat{b}}{\hat{a}} \right] \mathrm{e}^{-\hat{a}k} + \frac{\hat{b}}{\hat{a}}, \quad k = 0, 1, \cdots, n-1$$

$$(10-11)$$

故有

$$\hat{x}^{(0)}(k+1) = \hat{x}^{(1)}(k+1) - \hat{x}^{(1)}(k), \quad k = 0, 1, \cdots, n-1$$

$$(10-12)$$

取 2013 年为第 1 年,记序号为 1。用 GM(1,1)方法对该数列建模,先做级比检验。求级比:

$$\lambda(k) = \frac{x^{(0)}(k-1)}{x^{(0)}(k)} = (\lambda(2), \lambda(3), \cdots, \lambda(10))$$

$$= (1.013\,4, 0.935\,4, 0.920\,5, 0.961\,4, 0.913\,1, 0.983\,8,$$

$$1.012\,9, 0.869\,5, 0.973\,9) \tag{10-13}$$

做级比判断: 由于 $\lambda(k) \in (0.833\,8, 1.199\,4)$, $k = 2, 3, \cdots, 9$,因而可用 $x^{(0)}$ 进行令人满意的 GM(1,1)建模。

计算的 MATLAB 程序代码如下:

```
   x0=[721480014 711910888 761066860 826829948 860028820 941927858
957399517 945228160 1087059082 1116205608]';%注意这里为列向量
   n=length(x0);
   lamda=x0(1:n-1)./x0(2:n)%计算级比
   range=minmax(lamda')%计算级比检验范围
   x1=cumsum(x0)%累加运算
   B=[-0.5*(x1(1:n-1)+x1(2:n)),ones(n-1,1)];
   Y=x0(2:n);
   u=B\Y%拟合参数 u(1)=a,u(2)=b
   syms x(t)
   x=dsolve(diff(x)+u(1)* x==u(2),x(0)==x0(1));%求微分方程的解
   xt=vpa(x,6)%以小数格式显示微分方程的解
   yuce1=subs(x,t,[0:n-1]);%求已知数据的预测值
   yuce1=double(yuce1);%符号转换成数值类型,否则无法做差分运算
   yuce=[x0(1),diff(yuce1)]%差分运算,还原数据
   epsilon=x0'-yuce%计算相对误差
   delta=abs(epsilon./x0')%计算相对误差
   rho=1-(1-0.5*u(1))/(1+0.5* u(1))* lamda'%计算级比偏差,u(1)=a
```

模型的各种检验指标值的计算结果如表 10-6 所示。

表 10 - 6 GM(1，1)预测结果比较及误差分析

序号	年份	原始值/m³	预测值/m³	残差/m³	相对误差	级比偏差
1	2013	721 480 014	721 480 014	0	0	
2	2014	711 910 888	729 410 195	−17 499 307	−2.46%	−0.069 1
3	2015	761 066 860	769 439 643	−8 372 783	−1.10%	0.013 2
4	2016	826 829 948	811 665 876	15 164 072	1.83%	0.029 0
5	2017	860 028 820	856 209 451	3 819 369	0.44%	−0.014 2
6	2018	941 927 858	903 197 541	38 730 317	4.11%	0.036 8
7	2019	957 399 517	952 764 301	4 635 216	0.48%	−0.037 8
8	2020	945 228 160	1 005 051 244	−59 823 084	−6.33%	−0.068 5
9	2021	1 087 059 082	1 060 207 653	26 851 429	2.47%	0.082 7
10	2022	1 116 205 608	1 118 391 002	−2 185 394	−0.20%	−0.027 3

用最小二乘法求得 a 和 b 的值：

$$\begin{cases} a = -0.053\,426\,3 \\ b = 671\,552\,880 \end{cases} \tag{10-14}$$

从而 GM(1，1)预测的公式为

$$\hat{x}^{(1)}(k+1) = 1.329\,12 \times 10^{10}\,\mathrm{e}^{0.053\,426\,3k} - 1.256\,97 \times 10^{10} \tag{10-15}$$

因此

$$\hat{x}^{(0)}(k+1) = \hat{x}^{(1)}(k+1) - \hat{x}^{(1)}(k), \quad k = 0, 1, \cdots, n-1 \tag{10-16}$$

令 $k=10，11，12$，求出 2023—2025 年的预测值分别为 1 179 769 165 m³、1 244 514 005 m³、1 312 811 993 m³（表 10 - 7）。综合 2013—2025 年的数据，作出实际值和预测值的曲线图，如图 10 - 7 所示。

表 10‑7   GM(1，1)2023—2025 年预测结果

年　份	2023	2024	2025
预测值/m³	1 179 769 165	1 244 514 005	1 312 811 993

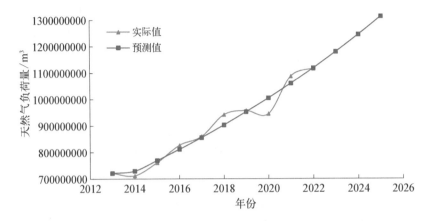

图 10‑7   2013—2025 年天然气年负荷量的 GM(1，1)
预测曲线和实际曲线对比

10.4　基于 GM(1，N)模型的天然气负荷量预测

10.4.1　灰色关联分析

在实际的预测问题中,系统的发展趋势往往是诸多因素共同作用的结果,而且不同因素对系统发展趋势的影响不同。要进行快速有效的预测,需要从众多影响因素中找到对系统发展趋势影响较大的关键因素。虽然数理统计分析方法中有许多可以分析这类受多因素影响的问题的方法,如回归分析、方差分析、主成分分析等,但这些方法普遍存在以下缺点:

① 样本需要服从一定典型的概率分布;

② 分析需要大量数据作为基础,计算量大;

③ 可能会出现定性结果和量化结果不一致的情况。

对于销售预测领域来说,由于历史数据量小且波动和噪声大,通常不服从

特定的概率分布,因此采用上述方法难以实现有效预测。而灰色关联分析作为灰色系统分析和灰色预测的基础,可用于挖掘对系统指标影响较大的因素,并且其对样本数据量没有严格要求,也不要求数据具有典型分布规律,同时结果与定性分析结果也比较吻合。因此,本节采用灰色关联度来评估各个因素对销量、销售额的影响程度的大小,从而确定影响销售结果的主要因素。

10.4.2　灰色关联分析理论模型

灰色关联分析可以在众多的因素中,根据序列曲线的几何形状的相似程度来判断各因素联系是否紧密,曲线越接近,相应序列之间的关联度就越大,反之就越小。其基本步骤如下。

① 确定特征序列和相关序列。特征序列为 $Y_j = \{Y_j(k) \mid k = 1, 2, \cdots, n\}$,$j = 1, 2, \cdots, n$,相关序列为 $X_i = \{X_i(k) \mid k = 1, 2, \cdots, n\}$,$i = 1, 2, \cdots, m$。

② 针对数据进行无量纲化处理。不同序列的量纲不同,可以采用初值化、均值化、平移化等方法进行处理,本节采用均值化处理方式,如下:

$$X'_i(k) = \frac{X_i(k)}{\dfrac{1}{n}\sum_{k=1}^{n} X_i(k)} \tag{10-17}$$

$$Y'_j(k) = \frac{Y_j(k)}{\dfrac{1}{n}\sum_{k=1}^{n} Y_j(k)} \tag{10-18}$$

③ 求解母序列(对比序列)和特征序列之间的关联系数。根据均值化处理结果,求出母序列与每个相关序列的绝对差,记为 $\Delta X_{ji} = |X'_i(k) - Y'_j(k)|$,将求出的绝对差 $\max = |X_i(k) - Y'_j(k)|$ 和 $\min = |X_i(k) - Y'_j(k)|$ 代入公式中,得到关联系数:

$$\gamma_{ji} = \frac{\min + \delta\max}{\Delta X_{ji} + \delta\max}, \quad \delta \in (0, 1), \quad k = 1, 2, \cdots, n \tag{10-19}$$

④ 求解关联度。按照 $r_{ji} = \dfrac{1}{n}\sum_{k=1}^{n}\gamma_{ji}(k)$ 计算关联度,关联度代表因素影响程度的大小,数值越大,影响就越大。

⑤ 根据关联度选取合适的相关序列指标,进行 GM(1,N)预测,具体方法见 10.4.3 节。

10.4.3 基于灰色模型的天然气负荷量预测分析

灰色系统理论将无规律的历史数据进行累加,使其成为具有指数增长规律的上升形状数列,由于一阶微分方程解的形式是指数增长形式,因而可以对生成数列建立微分方程模型,即灰色模型实际上是对生成的数列建模。灰色模型可以解决历史数据少、序列完整性和可靠性低的问题,能将无规律的原始数据生成得到规律性较强的生成序列,但只适用于中短期且近似于指数增长的预测。

GM(1,1)模型对线性数据有较好的预测效果,并且在预测时只考虑自变量本身的影响,而没有考虑其他外界影响因素对预测结果的影响作用。因此,本节采用多维灰色模型 GM(1,N),其中 N 表示考虑的相关因素的维度。其预测原理与 GM(1,1)模型的不同之处在于输入数据变量有 N 个,模型如下:

$$\begin{cases} x_1^{(0)}(k) + az_1^{(0)}(k) = \sum_{i=2}^{N} b_i x_i^{(1)}(k) \\ x_i^{(1)}(k) = \sum_{j=1}^{k} x_i(j) \end{cases} \tag{10-20}$$

该模型的求解方法与 GM(1,1)模型类似,先求得参数 a 和 b_i 的值,进而可求得 GM(1,N)模型:

$$x_1^{(0)}(k) = -ax_1^{(1)}(k-1) + \sum_{i=2}^{N} b_i x_i^{(1)}(k) \tag{10-21}$$

1. 建模过程

设系统有特征数据序列:

$$A_1^{(0)} = (a_1^{(0)}(1), a_1^{(0)}(2), \cdots, a_1^{(0)}(n)) \tag{10-22}$$

有相关因素序列:

$$X_0^{(0)} = (x_0^{(0)}(1), x_0^{(0)}(2), \cdots, x_0^{(0)}(n))$$
$$X_1^{(0)} = (x_1^{(0)}(1), x_1^{(0)}(2), \cdots, x_1^{(0)}(n))$$
$$\vdots \tag{10-23}$$
$$X_N^{(0)} = (x_N^{(0)}(1), x_N^{(0)}(2), \cdots, x_N^{(0)}(n))$$

令 $i=1,2,\cdots,N$ 时的 $1\text{-}AGO$ 为 $x_i^{(1)}$，其中

$$x_i^{(1)}(k)=\sum_{k=1}^{n}x_i^{(0)}(k),\quad i=1,2,\cdots,n \qquad (10\text{-}24)$$

生成的紧邻均值数列：

$$Z_1^{(1)}(k)=\frac{1}{2}\big[X_1^{(1)}(k)+X_1^{(1)}(k-1)\big],\quad k=2,3,\cdots,n$$

$$(10\text{-}25)$$

根据灰色系统理论建立微分方程：

$$X_1^{(0)}(k)+aZ_1^{(1)}(k)=\sum_{i=2}^{N}b_i x_i^{(1)}(k) \qquad (10\text{-}26)$$

即 $X_1^{(0)}(k)+aZ_1^{(1)}(k)=b_2 x_2^{(1)}(k)+b_3 x_3^{(1)}(k)+\cdots+b_N x_N^{(1)}(k)$，其中 a 称为发展系数，b_i 称为驱动系数，$b_i x_i^{(1)}(k)$ 称为驱动项。

引入向量矩阵记号：

$$\boldsymbol{u}=\begin{bmatrix}a\\b_1\\b_2\\\vdots\\b_N\end{bmatrix},\quad \boldsymbol{B}=\begin{bmatrix}-Z^{(1)}(2)&x_2^{(1)}(2)&\cdots&x_N^{(1)}(2)\\-Z^{(1)}(3)&x_2^{(1)}(3)&\cdots&x_N^{(1)}(3)\\\vdots&\vdots&&\vdots\\-Z^{(1)}(n)&x_2^{(1)}(n)&\cdots&x_N^{(1)}(n)\end{bmatrix},\quad \boldsymbol{Y}=\begin{bmatrix}x_1^{(0)}(2)\\x_1^{(0)}(3)\\\vdots\\x_1^{(0)}(n)\end{bmatrix}$$

$$(10\text{-}27)$$

采用最小二乘法可求得 $\boldsymbol{u}$：

$$\boldsymbol{u}=\begin{bmatrix}a\\b\end{bmatrix}=(\boldsymbol{B}^{\mathrm{T}}\boldsymbol{B})^{-1}\boldsymbol{B}^{\mathrm{T}}\boldsymbol{Y} \qquad (10\text{-}28)$$

当 $i=1,2,\cdots,N$ 变化幅度较小时，模型的近似时间响应式：

$$\hat{x}_1^{(1)}(k+1)=\Big[x_1^{(0)}(1)-\frac{1}{a}\sum_{i=2}^{N}b_i x_i^{(1)}(k+1)\Big]\mathrm{e}^{-ak}+\frac{1}{a}\sum_{i=2}^{N}b_i x_i^{(1)}(k+1)$$

$$(10\text{-}29)$$

累减还原式：

$$\hat{x}_1^{(0)}(k+1)=\hat{x}_1^{(0)}(k+1)-\hat{x}_1^{(1)}(k) \qquad (10\text{-}30)$$

差分模拟式:

$$x_1^{(0)}(k) = -ax_1^{(1)}(k-1) + \sum_{i=2}^{N} b_i x_i^{(1)}(k) \qquad (10-31)$$

2. 模型检验

根据上面得到的预测值 $\hat{x}^{(0)}(i)$，计算原始序列 $x^{(0)}(i)$ 与 $\hat{x}^{(0)}(i)$ 的绝对误差序列和相对误差序列。

绝对误差序列:

$$\varepsilon(i) = x^{(0)}(i) - \hat{x}^{(0)}(i) \qquad (10-32)$$

相对误差序列:

$$\Delta(i) = \frac{\varepsilon(i)}{x^{(0)}(i)} \times 100\% \qquad (10-33)$$

3. 预测模型构建与预测结果分析

通过建立背景值优化的 GM(1, N) 模型，预测后两年的天然气负荷量，用精度、平均相对误差作为评价模型准确程度的指标。

10.4.4　具体实施过程

1. 指标选取

通过对已有文献的阅读和整理以及分析当今社会的发展状况，可知国家经济的蓬勃发展离不开自然资源禀赋，而天然气是自然资源的重要组成部分。作为可利用的重要自然资源，天然气在经济的发展中具有突出贡献，因此影响天然气负荷量的因素与社会经济、科学技术、基础设施等各个方面都有重要联系。因此，本节选取户籍人口数、天然气用户数、GDP 总量、居民消费水平、房地产业增加值、住宿和餐饮业增加值等 15 个指标，如表 10-8 所示。

表 10-8　与天然气负荷量相关的 15 个国民经济指标

指 标 名 称	指标符号	指标单位
户籍人口数	X_1	万人
天然气用户数	X_2	万户

续　表

指　标　名　称	指标符号	指标单位
GDP 总量	X_3	亿元
居民人均消费支出	X_4	万元
居民人均可支配收入	X_5	万元
固定资产投资	X_6	亿元
建筑业增加值	X_7	亿元
房地产业增加值	X_8	亿元
商品房屋建筑竣工面积	X_9	万平方米
单位 GDP 能耗	X_{10}	吨标准煤/万元
规模以上工业总产值	X_{11}	亿元
住宿和餐饮业增加值	X_{12}	亿元
进出口总额	X_{13}	亿美元
新能源产业增加值	X_{14}	亿元
全年平均每天用电量	X_{15}	万千瓦时

2. 灰色关联分析

做灰色关联分析,首先需确定参考序列和比较序列。本节选择天然气负荷量作为参考序列,记为 Y,选择影响因素作为比较序列,记为 X,如表 10 - 9 所示。

本节选取南方某 S 市 2013—2021 年的相关指标数据,使用 SPSS 软件进行天然气负荷量的影响因素分析。以天然气负荷量作为母序列,以影响天然气负荷量的因素作为特征序列,进行归一化处理,并根据计算公式求解关联系数,如表 10 - 10 所示。

在分辨系数取 0.5 的前提下,由表 10 - 10 可知,大多数指标与天然气负荷量的关联系数大于 0.5,少量指标在个别年份的关联系数小于 0.5,可见本节选取的指标与天然气负荷量的关联性较强。

表 10-9　与天然气负荷量相关的 15 个国民经济指标具体数据

年份	户籍人口数/万人	天然气用户数/万户	GDP 总量/亿元	居民人均消费支出/万元	居民人均可支配收入/万元	固定资产投资/亿元	建筑业增加值/亿元	房地产业增加值/亿元
2013	299.04	129.8	14 573	2.88	4.47	2 391.46	478.5	1 199
2014	321.34	145.1	16 002	2.89	4.09	2 717.42	499.7	1 327
2015	343.60	159.1	17 503	3.24	4.46	3 298.31	517.7	1 577
2016	369.76	173.0	20 686	3.65	4.87	4 078.16	574.4	1 803
2017	412.75	187.1	23 280	3.83	5.29	5 147.32	655.1	1 937
2018	444.71	204.4	25 266	4.05	5.75	6 207.67	807.7	2 169
2019	474.74	227.4	26 992	4.31	6.25	7 374.71	890.8	2 355
2020	504.44	259.5	27 670	4.06	6.49	7 979.44	894.6	2 484
2021	535.25	371.9	30 665	4.63	7.08	8 274.68	1 000.8	2 555

续表

年份	商品房屋建筑竣工面积/万平方米	单位 GDP 能耗（吨标准煤/万元）	规模以上工业总产值/亿元	住宿和餐饮业增加值/亿元	进出口总额/亿美元	新能源产业增加值/亿元	全年平均每天用电量/万千瓦时	天然气负荷量/m³
2013	353.6	0.428	23 095	273	5 375	335.97	19 994	721 480 014
2014	425.3	0.409	24 778	317	4 877	368.55	21 608	711 910 888
2015	360.2	0.396	25 542	337	4 425	405.87	22 344	761 066 860
2016	490.0	0.379	27 292	357	3 984	368.55	23 317	826 829 948
2017	285.1	0.363	32 119	392	4 141	676.62	24 232	860 028 820
2018	261.6	0.348	35 439	416	4 537	990.73	25 130	941 927 858
2019	572.1	0.336	37 326	457	4 315	1 084.61	26 959	957 399 517
2020	640.9	0.317	38 461	370	4 408	1 227.04	26 941	945 228 160
2021	664.4	0.320	42 454	408	5 486	1 386.78	30 230	1 087 059 082

表10-10 与天然气负荷量相关的15个国民经济指标归一化处理

年份	X_1	X_2	X_3	X_4	X_5	X_6	X_7	X_8
2013	0.732 838	0.586 624	0.609 457	0.831 966	0.981 593	0.431 354	0.657 394	0.691 106
2014	0.879 711	0.710 722	0.724 4	0.866 501	0.816 048	0.484 553	0.726 161	0.639 586
2015	0.872 838	0.731 09	0.743 297	0.976 825	0.844 177	0.532 841	0.673 214	0.753 052
2016	0.841 472	0.715 73	0.896 038	0.915 322	0.844 021	0.615 486	0.681 224	0.832 761
2017	0.962 137	0.773 972	0.869 967	0.886 79	0.954 687	0.952 461	0.833 398	0.907 328
2018	0.984 67	0.752 573	0.886 505	0.995 761	0.925 596	0.757 872	0.815 366	0.971 257
2019	0.852 124	0.998 47	0.749 814	0.843 306	0.850 029	0.492 481	0.633 794	0.814 919
2020	0.678 126	0.629 879	0.672 082	0.999 651	0.724 484	0.403 183	0.607 638	0.666 757
2021	0.858 25	0.342 441	0.723 69	0.968 444	0.840 364	0.475 086	0.623 704	0.950 676

年份	X_9	X_{10}	X_{11}	X_{12}	X_{13}	X_{14}	X_{15}
2013	0.862 953	0.459 107	0.731 325	0.756 503	0.462 351	0.423 908	0.948 745
2014	0.698 012	0.491 318	0.874 067	0.885 627	0.548 14	0.460 669	0.825 786
2015	0.789 284	0.583 646	0.794 847	0.892 594	0.778 67	0.455 134	0.894 507
2016	0.679 31	0.777 388	0.751 462	0.957 254	0.762 841	0.379 733	0.995 347
2017	0.444 795	1	0.941 583	0.805 214	0.754 326	0.740 015	0.992 105
2018	0.362 274	0.680 563	0.911 733	0.877 899	0.737 674	0.568 521	0.826 628
2019	0.631 493	0.607 465	0.805 35	0.682 858	0.630 526	0.469 904	0.988 72
2020	0.461 577	0.562 269	0.706 558	0.765 93	0.681 865	0.353 151	0.969 449
2021	0.562 481	0.430 867	0.779 618	0.659 044	0.818 702	0.333 92	0.936 907

根据求得的灰色关联度将其从高到低排序,如表 10 - 11 所示。由表 10 - 11 给出的关联度排序可知,与天然气负荷量关联性最强的指标是全年平均每天用电量,最弱的指标是新能源产业增加值。天然气用户数与天然气负荷量的关联性较弱,关联度只有 0.694,说明增加的天然气用户并没有很好地使用天然气,可能存在城中村天然气改造后,居民已开户但没有使用天然气的情况。

表 10 - 11　灰色关联度结果

评 价 项	关 联 度	排 名
全年平均每天用电量	0.931	1
居民人均消费支出	0.921	2
居民人均可支配收入	0.865	3
户籍人口数	0.851	4
规模以上工业总产值	0.811	5
住宿和餐饮业增加值	0.809	6
房地产业增加值	0.803	7
GDP 总量	0.764	8
建筑业增加值	0.695	9
天然气用户数	0.694	10
进出口总额	0.686	11
单位 GDP 能耗	0.621	12
商品房屋建筑竣工面积	0.610	13
固定资产投资	0.572	14
新能源产业增加值	0.465	15

取 A 向量表示南方某 S 市 2013—2021 年的天然气负荷量,x_0 向量为南方某 S 市 2013—2021 年全年平均每天用电量、居民人均消费支出、居民人均可支配收入、户籍人口数、规模以上工业总产值、住宿和餐饮业增加值的数据集合。这里只取得南方某 S 市 2013—2021 年的相关国民经济指标数据,对于 2022—2025 年的相应国民经济指标数据,可先用 GM(1,1)方法进行预测,然

后进行 GM(1，N)建模。

南方某 S 市 2013—2021 年全年平均每天用电量、居民人均消费支出、居民人均可支配收入、户籍人口数、规模以上工业总产值、住宿和餐饮业增加值的数据如表 10-12 所示。

表 10-12　关联度较大的 6 个国民经济指标数据明细

年份	全年平均每天用电量/万千瓦时	居民人均消费支出/万元	居民人均可支配收入/万元	户籍人口数/万人	规模以上工业总产值/亿元	住宿和餐饮业增加值/亿元
2013	19 994	2.88	4.47	299.04	23 095	273
2014	21 608	2.89	4.09	321.34	24 778	317
2015	22 344	3.24	4.46	343.60	25 542	337
2016	23 317	3.65	4.87	369.76	27 292	357
2017	24 232	3.83	5.29	412.75	32 119	392
2018	25 130	4.05	5.75	444.71	35 439	416
2019	26 959	4.31	6.25	474.74	37 326	457
2020	26 941	4.06	6.49	504.44	38 461	370
2021	30 230	4.63	7.08	535.25	42 454	408

3. 预测结果

基于前文的 GM(1，1)方法，可直接得到 2022—2025 年的 6 个国民经济指标数据，如表 10-13 所示。

表 10-13　GM(1，1)预测的 2022—2025 年的 6 个国民经济指标数据

年份	全年平均每天用电量/万千瓦时	居民人均消费支出/万元	居民人均可支配收入/万元	户籍人口数/万人	规模以上工业总产值/亿元	住宿和餐饮业增加值/亿元	天然气负荷量（真实值）/m³
2013	19 994	2.88	4.47	299.04	23 095	273	721 480 014
2014	21 608	2.89	4.09	321.34	24 778	317	711 910 888
2015	22 344	3.24	4.46	343.60	25 542	337	761 066 860

续　表

年份	全年平均每天用电量/万千瓦时	居民人均消费支出/万元	居民人均可支配收入/万元	户籍人口数/万人	规模以上工业总产值/亿元	住宿和餐饮业增加值/亿元	天然气负荷量（真实值）/m³
2016	23 317	3.65	4.87	369.76	27 292	357	826 829 948
2017	24 232	3.83	5.29	412.75	32 119	392	860 028 820
2018	25 130	4.05	5.75	444.71	35 439	416	941 927 858
2019	26 959	4.31	6.25	474.74	37 326	457	957 399 517
2020	26 941	4.06	6.49	504.44	38 461	370	945 228 160
2021	30 230	4.63	7.08	535.25	42 454	408	1 087 059 082
2022	30 644	4.89	7.69	584.82	46 360	443	1 116 205 608
2023	32 077	5.18	8.30	629.55	50 210	457	
2024	33 576	5.47	8.96	677.72	54 380	472	
2025	35 146	5.79	9.67	729.56	58 897	487	

可容覆盖区间 $\Theta=\left(\mathrm{e}^{-\frac{2}{n+1}},\mathrm{e}^{\frac{2}{n+1}}\right)=\left(\mathrm{e}^{-\frac{2}{9+1}},\mathrm{e}^{\frac{2}{9+1}}\right)=(0.818\,7,1.221\,4)$。由于住宿和餐饮业增加值的级比超出级比检验范围，因而必须对住宿和餐饮业增加值所在的数列进行平移。取常数 $c=200$ 进行平移，使其落入可容覆盖区间内，即 $Y(k)=X_{12}(k)+c$，$k=1,2,\cdots,n$，使序列 $Y(k)$ 的级比落入可容覆盖区间 Θ 内，则

$$\lambda_y(k)=\frac{Y(k-1)}{Y(k)}\in\Theta \tag{10-34}$$

根据南方某 S 市 2013—2021 年天然气负荷量的数据向量 A，以及南方某 S 市 2013—2021 年全年平均每天用电量、居民人均消费支出、居民人均可支配收入、户籍人口数、规模以上工业总产值、住宿和餐饮业增加值的数据向量 x_0，我们可以通过 2023 年的 6 个国民经济指标预测值（32 077；5.18；8.30；629.55；50 210；457）来预测 2023 年的天然气负荷量。该模型的 MATLAB 程序代码如下：

```
A=[721480014，711910888，761066860，826829948，860028820，941927858，
957399517，945228160，1087059082，1116205608];
x0=[19994,21608,22344,23317,24232,25130,26959,26941,30230,30644;
2.88,2.89,3.24,3.65,3.83,4.05,4.31,4.06,4.63,4.89;
4.47,4.09,4.46,4.87,5.29,5.75,6.25,6.49,7.08,7.69;
299.04,321.34,343.6,369.76,412.75,444.71,474.74,504.44,535.25,
584.82;
23095,24778,25542,27292,32119,35439,37326,38461,42454,46360;
273,317,337,357,392,416,457,370,408,443];
M=10;
N=1;
while N<=M
[n,m]=size(x0);
AGO=cumsum(A);
T=1;
x1=zeros(n,m+T);
for k=2:m
Z1(k)=(AGO(k)+AGO(k-1))* 0.5;%z(i)为xi(1)的紧邻均值生成序列
end
for i=1:n
for j=1:m
    for k=1:j
        x1(i,j)=x1(i,j)+x0(i,k);%原始数据一次累加,得到 xi(1)
    end
end
end
x11=x1(:,1:m);
X=x1(:,2:m)';%截取矩阵
Yn=A;%Yn 为常数向量
Yn(1)=[];%从第二个数开始,即 x(2),x(3),…
Yn=Yn';
%Yn=A(:,2:m)';
Z=Z1(:,2:m)';
B=[-Z,X];
C=(inv(B'* B))* B'* Yn;%由公式建立 GM(1, N)模型
a=C(1);
C1=C';
b=C1(:,2:n+1);
F=[];
F(1)=A(1);
u=zeros(1,m);
for i=1:m
for j=1:n
u(i)=u(i)+(b(j)* x11(j,i));
end
```

```
end
for k=2:m
F(k)=(A(1)-u(k)/a)* exp(-a* (k-1))+u(k)/a;
end
G=[];
G(1)=A(1);
for k=2:m
G(k)=F(k)-F(k-1);%;两者作差,还原序列,得到预测数据
end
%对下一刻进行预测
x0_y=[32077;5.18;8.30;629.55;50210;457];
U=[];
U(1)=0;
for k=1
for j=1:n
U(k)=U(k)+(b(j)* (x11(j,m)+x0_y(j)));
    end
end
F_y=[];
F_y(1)=0;
for k=1
F_y(k)=(A(1)-U(k)/a)* exp(-a* m)+U(k)/a;
end
G_y=zeros(1,M);
for k=1
G_y(N)=F_y(k)-F(m);
end
N=N+1;
end
disp('GM(1,n)预测值:');
disp(G_y(N-1));
%绘图
t1=1:m;
t2=1:m;
plot(t1,A,'bo--');
hold on;
plot(t2,G,'r* -');
axis([1 m 600000000 1500000000]);
title('天然气年负荷量预测结果');
legend('真实值','预测值')
```

在得出 2023 年的天然气负荷量预测值后,基于同样的方法预测 2024 年和 2025 年的数据,采取数据迭代的方式所得到的 2013—2025 年的天然气负荷量如表 10 - 14 所示,其真实值与预测值的对比见图 10 - 8。

表 10‑14   GM(1, N)预测的 2013—2025 年南方某 S 市天然气负荷量

年份	全年平均每天用电量/万千瓦时	居民人均消费支出/万元	居民人均可支配收入/万元	户籍人口数/万人	规模以上工业总产值/亿元	住宿和餐饮业增加值/亿元	天然气负荷量（真实值）/m³	天然气负荷量（预测值）/m³
2013	19 994	2.88	4.47	299.04	23 095	273	721 480 014	721 480 014
2014	21 608	2.89	4.09	321.34	24 778	317	711 910 888	605 704 161
2015	22 344	3.24	4.46	343.60	25 542	337	761 066 860	824 031 696
2016	23 317	3.65	4.87	369.76	27 292	357	826 829 948	832 632 169
2017	24 232	3.83	5.29	412.75	32 119	392	860 028 820	877 287 400
2018	25 130	4.05	5.75	444.71	35 439	416	941 927 858	921 508 010
2019	26 959	4.31	6.25	474.74	37 326	457	957 399 517	968 988 525
2020	26 941	4.06	6.49	504.44	38 461	370	945 228 160	939 231 551
2021	30 230	4.63	7.08	535.25	42 454	408	1 087 059 082	1 087 065 203
2022	30 644	4.89	7.69	584.82	46 360	443	1 116 205 608	1 111 957 615
2023	32 077	5.18	8.30	629.55	50 210	457	—	1 173 945 130
2024	33 576	5.47	8.96	677.72	54 380	472	—	1 235 078 014
2025	35 146	5.79	9.67	729.56	58 897	487	—	1 301 290 142

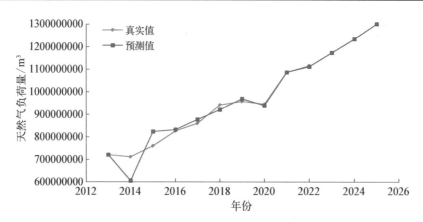

图 10‑8   2013—2025 年南方某 S 市天然气负荷量的真实值和
GM(1, N)预测值对比

在得到 2013—2025 年南方某 S 市天然气负荷量后,为预测 2023—2025 年每年 1—12 月的天然气月负荷量,本节采用平均值法,即先求出 2013—2022 年南方某 S 市每月天然气负荷量占全年天然气负荷量的比例(表 10‑15),再取这 10 年间每月天然气负荷量占比的平均值,最后根据平均值预测南方某 S 市 2023—2025 年 1—12 月的每个月份的天然气负荷量,见表 10‑16。

表 10‑15 2013—2022 年南方某 S 市每月天然气负荷量及
其占全年天然气负荷量的比例

	2013 年	2014 年	2015 年	2016 年	2017 年
天然气负荷量/m³					
1 月	75 211 515	67 412 849	80 882 854	85 637 155	69 818 655
2 月	51 274 805	58 169 703	54 642 130	69 262 328	72 359 228
3 月	66 831 441	70 361 425	70 593 897	83 033 929	84 429 947
4 月	59 493 147	60 798 370	65 553 837	68 259 526	72 619 456
5 月	56 938 506	58 640 544	62 533 058	64 656 635	69 664 282
6 月	55 657 375	52 163 825	54 436 913	57 822 780	63 529 324
7 月	56 165 637	50 919 410	54 434 233	58 342 926	65 034 585
8 月	55 902 433	51 263 122	54 311 929	60 515 096	62 261 499
9 月	54 352 369	50 772 246	55 908 327	60 198 187	62 976 247
10 月	56 047 342	54 040 519	59 555 776	62 574 471	67 006 849
11 月	62 281 150	60 042 314	66 528 108	72 897 701	77 631 509
12 月	71 324 294	77 326 561	81 685 798	83 629 214	92 697 239
全年	721 480 014	711 910 888	761 066 860	826 829 948	860 028 820
天然气负荷量占比					
1 月	0. 104 246	0. 094 693	0. 106 276	0. 103 573	0. 081 182
2 月	0. 071 069	0. 081 709	0. 071 797	0. 083 769	0. 084 136
3 月	0. 092 631	0. 098 835	0. 092 756	0. 100 424	0. 098 171

续　表

	2013 年	2014 年	2015 年	2016 年	2017 年
4 月	0. 082 46	0. 085 402	0. 086 134	0. 082 556	0. 084 438
5 月	0. 078 919	0. 082 371	0. 082 165	0. 078 198	0. 081 002
6 月	0. 077 143	0. 073 273	0. 071 527	0. 069 933	0. 073 869
7 月	0. 077 848	0. 071 525	0. 071 524	0. 070 562	0. 075 619
8 月	0. 077 483	0. 072 008	0. 071 363	0. 073 189	0. 072 395
9 月	0. 075 335	0. 071 318	0. 073 46	0. 072 806	0. 073 226
10 月	0. 077 684	0. 075 909	0. 078 253	0. 075 68	0. 077 912
11 月	0. 086 324	0. 084 34	0. 087 414	0. 088 165	0. 090 266
12 月	0. 098 858	0. 108 618	0. 107 331	0. 101 144	0. 107 784
	2018 年	2019 年	2020 年	2021 年	2022 年

天然气负荷量/m³

	2018 年	2019 年	2020 年	2021 年	2022 年
1 月	98 583 005	95 624 148	78 987 482	118 229 750	106 074 413
2 月	72 366 041	66 587 462	62 959 476	80 447 577	97 947 352
3 月	88 058 470	94 461 478	82 560 248	98 284 529	99 136 905
4 月	78 380 166	82 422 261	84 668 622	86 653 389	93 642 474
5 月	74 568 511	80 406 398	75 810 850	78 723 179	93 196 325
6 月	69 536 992	72 558 777	71 974 994	77 019 070	82 350 389
7 月	70 810 734	73 621 380	70 307 676	77 125 246	78 581 034
8 月	71 396 594	71 801 428	72 499 600	80 549 245	80 142 984
9 月	70 639 309	70 722 238	74 228 734	79 734 939	77 125 795
10 月	75 421 997	72 409 371	77 057 806	89 550 932	87 366 173
11 月	79 264 577	80 664 599	86 716 682	103 058 173	97 031 334
12 月	92 901 462	96 119 977	107 455 990	117 683 053	123 610 430
全年	941 927 858	957 399 517	945 228 160	1 087 059 082	1 116 205 608

续 表

	2018 年	2019 年	2020 年	2021 年	2022 年
天然气负荷量占比					
1 月	0. 104 661	0. 099 879	0. 083 564	0. 108 761	0. 095 031
2 月	0. 076 828	0. 069 55	0. 066 608	0. 074 005	0. 087 75
3 月	0. 093 487	0. 098 665	0. 087 344	0. 090 413	0. 088 816
4 月	0. 083 212	0. 086 09	0. 089 575	0. 079 714	0. 083 894
5 月	0. 079 166	0. 083 984	0. 080 204	0. 072 418	0. 083 494
6 月	0. 073 824	0. 075 787	0. 076 146	0. 070 851	0. 073 777
7 月	0. 075 176	0. 076 897	0. 074 382	0. 070 949	0. 070 4
8 月	0. 075 798	0. 074 996	0. 076 701	0. 074 098	0. 071 799
9 月	0. 074 994	0. 073 869	0. 078 53	0. 073 349	0. 069 096
10 月	0. 080 072	0. 075 631	0. 081 523	0. 082 379	0. 078 271
11 月	0. 084 151	0. 084 254	0. 091 742	0. 094 805	0. 086 93
12 月	0. 098 629	0. 100 397	0. 113 683	0. 108 258	0. 110 742

表 10 - 16 2013—2022 年南方某 S 市每月天然气负荷量占全年天然气负荷量的比例均值及根据均值预测的南方某 S 市 2023—2025 年的天然气月负荷量

	天然气负荷量占比均值	天然气负荷量/m³		
		2023 年	2024 年	2025 年
1 月	0. 098 187	115 265 678	121 268 108	127 769 252
2 月	0. 076 722	90 067 413	94 757 650	99 837 577
3 月	0. 094 154	110 532 010	116 287 935	122 522 093
4 月	0. 084 348	99 019 213	104 175 613	109 760 433
5 月	0. 080 192	94 141 157	99 043 533	104 353 224
6 月	0. 073 613	86 417 668	90 917 845	95 791 921

续　表

天然气负荷量 占比均值	天然气负荷量/m³		
	2023 年	2024 年	2025 年
7 月	0.073 488	86 271 071	90 763 615	95 629 422
8 月	0.073 983	86 852 067	91 374 866	96 273 443
9 月	0.073 598	86 400 496	90 899 779	95 772 886
10 月	0.078 331	91 956 795	96 745 421	101 931 912
11 月	0.087 839	103 118 231	108 488 086	114 304 097
12 月	0.105 544	123 903 329	130 355 563	137 343 882
合计	1	1 173 945 128	1 235 078 014	1 301 290 142

10.5　基于 BP 神经网络的天然气负荷量预测

对于 BP 神经网络模型而言,定义的输入、输出变量及其含义如表 10 - 17 所示。

表 10 - 17　BP 神经网络预测变量及其含义

变　量	含　义
$\boldsymbol{X} = (x_1, x_2, \cdots, x_i)^{\mathrm{T}}(i = 1, 2, \cdots, 28)$	输入变量向量组
$\boldsymbol{Y} = (y_1, y_2, \cdots, y_i, \cdots, y_m)^{\mathrm{T}}$	隐含层输出变量向量组(m 为隐变量个数)
$\boldsymbol{H} = (h_1, h_2, \cdots, h_i)^{\mathrm{T}}$	输出层输出向量组(指所预测时间范围内的功率)
$\boldsymbol{D} = (d_1, d_2, \cdots, d_i)^{\mathrm{T}}$	期望输出向量组(为常数向量组)
$\boldsymbol{W} = (w_1, w_2, \cdots, w_m)^{\mathrm{T}}$	输入层到隐含层的权值矩阵
$\boldsymbol{V} = (v_1, v_2, \cdots, v_i)^{\mathrm{T}}$	隐含层到输出层的权值矩阵
$\eta \in (0, 1)$	比例常数,表示学习率

10.5.1　BP 神经网络的分析流程

BP 神经网络的结构见图 10-9。用预测的历史数据作为输入参数变量 $\boldsymbol{X}=(x_1, x_2, \cdots, x_i)^{\mathrm{T}}$；隐含层输出变量设为 1 个，用 $\boldsymbol{Y}=y_i^{\mathrm{T}}$ 表示；输出层输出向量（功率）用向量组 $\boldsymbol{H}$ 表示；期望输出为常数向量组 $\boldsymbol{D}$。

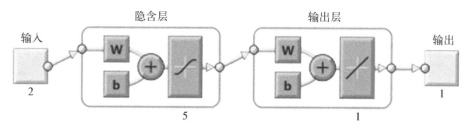

图 10-9　BP 神经网络结构图

根据 BP 神经网络的原理，可知：

对于输出层，有

$$\begin{cases} h_k = f(net_k) & (k=1, 2, \cdots, 28) \\ net_k = \sum_{j=1}^{m} v_{jk} y_j & (k=1, 2, \cdots, 28) \end{cases} \tag{10-35}$$

对于隐含层，有

$$\begin{cases} y_i = f(net_j) & (j=1, 2, \cdots, m) \\ net_j = \sum_{i=1}^{m} w_{ij} x_i & (j=1, 2, \cdots, m) \end{cases} \tag{10-36}$$

式中，$f(x)=\dfrac{1}{1+\mathrm{e}^{-x}}$。

BP 神经网络的求解步骤如下：

① 对数据进行标准化处理，归一于 0~1。

② 网络初始化。网络将自行对权值矩阵 $\boldsymbol{W}$、$\boldsymbol{V}$ 赋予随机数，将样本模式计数器 p 和训练次数计数 q 置为 1，误差 E 置为 0，设学习率 $\eta=0.1$，网络训练后达到的精度 $E_{\min}=0.01$。

③ 输入训练样本对，计算各层输出。用当前样本对向量组 $\boldsymbol{X}$、$\boldsymbol{D}$ 计算 $\boldsymbol{Y}$、$\boldsymbol{H}$ 中各分量。

④ 计算网络输出误差。共有 6 对训练样本，网络对第 i 个样本有误差，总

输出误差(均方根误差)为

$$E_{\text{RMS}} = \sqrt{\frac{\sum_{k=1}^{96}(d_k^p - h_k^p)^2}{96}} \qquad (10-37)$$

⑤ 调整各层权值。权值调整量为

$$\Delta w_{jk} = -\eta \frac{\partial E}{\partial w_{jk}} \quad (j=1, 2, \cdots, 4; k=1, 2, \cdots, m)$$

$$\Delta v_{jk} = -\eta \frac{\partial E}{\partial v_{jk}} \quad (j=1, 2, \cdots, m; k=1, 2, 3) \qquad (10-38)$$

⑥ 检查是否对所有样本完成一次训练。若 $p<4$,则计数器 p 和 q 各加 1,返回步骤②,否则进行下一步。

⑦ 检查网络总输出误差是否达到精度要求。若 $E_{\text{RMS}} < E_{\text{min}}$,则训练结束,否则将 E 置为 0、p 置为 1,返回步骤②。

综上所述,绘制 BP 神经网络流程图,大致如图 10-10 所示。

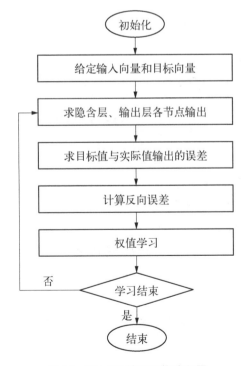

图 10-10 BP 神经网络流程图

10.5.2　BP 神经网络模型建立及结果分析

将经过灰色关联分析筛选的数据样本作为输入样本进行预测,其中的样本包括全年平均每天用电量(ydl)、居民人均消费支出(rjxf)、居民人均可支配收入(rjzp)、户籍人口数(hjrk)、规模以上工业总产值(gycz)、住宿和餐饮业增加值(zscy),输出样本为天然气年消费量(天然气年负荷量,rqxfl)。MATLAB 预测程序代码如下:

```
close all;
clc;
ydl=[19994 21608 22344 23317 24232 25130 26959 26941 30230 30644];%全
年平均每天用电量
rjxf=[2.88 2.89 3.24 3.65 3.83 4.05 4.31 4.06 4.63 4.89];%居民人均消
费支出
rjzp=[4.47 4.09 4.46 4.87 5.29 5.75 6.25 6.49 7.08 7.69];%居民人均可
支配收入
hjrk=[299.04 321.34 343.6 369.76 412.75 444.71 474.74 504.44 535.25
584.82];%户籍人口数
gycz=[23095 24778 25542 27292 32119 35439 37326 38461 42454 46360];%
规模以上工业总产值
zscy=[273 317 337 357 392 416 457 370 408 443];%住宿和餐饮业增加值
rqxfl=[721480014 711910888 761066860 826829948 860028820 941927858
957399517 945228160 1087059082 1116205608];%天然气年消费量
p=[ydl;rjxf;rjzp;hjrk;gycz;zscy];
t=[rqxfl];
[P,PSp]=mapminmax(p);
[T,PSt]=mapminmax(t);
net=newff(P,T,8,{'tansig','purelin'},'traingdx');
net.trainParam.show=50;
net.trainParam.lr=0.035;
net.trainParam.epochs=2000;
net.trainParam.goal=1e-3;
net.divideFcn='';
[net,tr]=train(net,P,T);
A=sim(net,P);
a=mapminmax('reverse',A,PSt);
inputweights=net.IW{1,1};
inputbias=net.b{1};
layerWeights=net.LW{2,1};
layerbias=net.b{2};
x=2013:2022;
newk=a(1,:);
```

```
figure
plot (x,newk,'r-o',x,rqxfl,'b-*')
legend('预测值','实际值');
xlabel('年份');ylabel('负荷量/立方米');
pnew=[32077 33576 35146;5.18 5.47 5.79;8.30 8.96 9.67;629.55 677.72
729.56;50210 54380 58897;457 472 487];
SamNum=size(pnew,2);
pnewn=mapminmax('apply',pnew,PSp);
HiddenOut = tansig ( inputweights * pnewn + repmat ( inputbias, 1,
SamNum));
anewn = purelin ( layerWeights * HiddenOut + repmat ( layerbias, 1,
SamNum));
anew=mapminmax('reverse',anewn,PSt);
```

预测结果分别如表 10-18 和图 10-11 所示。

表 10-18　采用 BP 神经网络方法预测的天然气年负荷量

年　份	2023	2024	2025
天然气负荷量/m³	1 257 511 046	1 352 699 507	1 410 364 969

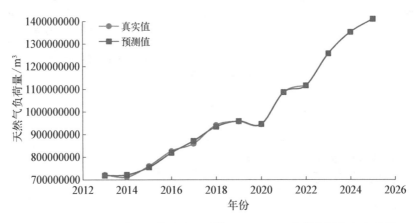

图 10-11　采用 BP 神经网络方法预测的 2013—2025 年的天然气年负荷量

10.6　基于马尔可夫链的天然气负荷量预测

10.6.1　马尔可夫理论

在利用 BP 神经网络模型进行长期预测时,由于用于训练的历史数据往往具有较大的波动性,因而得出的预测结果误差较大,而马尔可夫法则是针对数据具有一定随机性的系统进行预测的。马尔可夫法首先对事物发展状态的转移概率进行考虑,转移概率反映出各种随机因素的影响程度,再通过事物状态之间的转移概率对事物未来的发展进行判断。其思路是对光滑的预测曲线进行划分,分为不同的状态区间;根据落入各状态区间的时间点计算马尔可夫转移概率矩阵;取预测值所处状态区间的中间点对预测值进行修正,进而提高预测值的预测精度。

通过马尔可夫法对天然气年负荷量预测结果进行修正的步骤如下:

① 采用预测模型对天然气年负荷量进行预测,计算并分析天然气年负荷量的预测误差,将其按照 N 个状态进行划分;

② 基于上一步对状态的划分,统计天然气年负荷量预测误差的状态转换情况,得出适用于此次预测的状态转换频数矩阵;

③ 由上一步得出的状态转换频数矩阵进而推算出状态转换概率矩阵;

④ 采用预测模型对未参与上一次预测的天然气年负荷量数据进行预测,通过状态转换概率矩阵对天然气年负荷量进一步的预测值进行修正;

⑤ 将修正后的预测值与实际值进行对比,再次计算预测误差。

10.6.2 马尔可夫矩阵计算

由马尔可夫理论可以得知,事物发展的状态划分会影响到预测结果,即状态划分的不同会引起预测结果的侧重点不同。由复杂系统理论可以得知,研究中通过定性与定量相结合的方法对事物发展趋势进行预测,是为了让用两种方式得到的预测结果进行相互补充及检验。针对我国天然气年负荷量所进行的预测,定性预测的思想是将天然气年负荷量的预测误差的发展状态分为上升和下降两种,预测结果表明的是天然气年负荷量预测值的误差相对于上一时间段的发展状态是上升或下降;定量预测的思想是将天然气年负荷量的发展状态分为三种,状态 1 为 $[-1\%, 0)$,状态 2 为 $[0, 1\%)$,状态 3 为 $[1\%, 2\%]$,状态 1 表示对预测误差的低估,状态 2 表示对预测误差的高估,状态 3 表示对预测误差的过度高估[15]。通过马尔可夫法进行预测的建模思想如下:首先对天然气年负荷量的预测误差的发展状态进行定性分析,即判断上升或下降;再对天然气年负荷量的预测误差的发展状态进行定量分析,预测结果表明的是在下一时间段,天然气年负荷量的预测误差将处于某一状态;最后根据所处的状态对天然气年负荷量预测值进行误差修正。根据采用 GM(1，1)模型进行预测得出的结果，可以得到天然气年负荷量状态预测表，如表 10 - 19 所示。

表 10 - 19　GM(1，1)预测结果比较及误差分析

序号	年份	原始值/m^3	预测值/m^3	残差/m^3	相对误差
1	2013	721 480 014	721 480 014	0	0
2	2014	711 910 888	729 410 195	−17 499 307	−2.46%
3	2015	761 066 860	769 439 643	−8 372 783	−1.10%
4	2016	826 829 948	811 665 876	15 164 072	1.83%
5	2017	860 028 820	856 209 451	3 819 369	0.44%
6	2018	941 927 858	903 197 541	38 730 317	4.11%
7	2019	957 399 517	952 764 301	4 635 216	0.48%
8	2020	945 228 160	1 005 051 244	−59 823 084	−6.33%
9	2021	1 087 059 082	1 060 207 653	26 851 429	2.47%
10	2022	1 116 205 608	1 118 391 002	−2 185 394	−0.20%

在进行马尔可夫链的状态区间划分时，大都是依靠不断尝试，不断变更状态区间划分个数，比较修正后数据的误差大小，以及检验随机变量序列的区间划分结果是否具有马尔可夫性来判断划分的合理性的。本节为了提高划分的准确性，引入统计学常用方法——系统聚类法和 k 均值聚类法，对南方某 S 市天然气负荷量原始数据和灰色模型拟合数据的相对误差序列进行马尔可夫链的状态区间划分。系统聚类法是聚类分析中普遍使用的方法。系统聚类法在开始时将各个样本作为独立的一类，计算各个独立样本之间的类间距离，以类间距离最小的原则将类与类进行合并，将类不断地聚合起来，直至将所有的类聚在一起。可根据聚类树状图选取较为适合的分类数，如图 10 - 12 所示。相对误差序列聚类树状图表明，将数据序列聚成四类最合理。k 均值聚类法是一种迭代求解的聚类算法，算法开始时随机选取聚类中心，将样本点与聚类中心相距最近的样本聚为一类。k 均值聚类法可以根据确定好的分类个数进行

划分,可以生成指定类别数量的聚类中心。一般按照系统聚类法取得聚类结果树状图,选取聚类划分的数目,由 k 均值聚类法按照系统聚类法所确认的聚类数目生成聚类中心。以灰色模型拟合过程中负向相对误差最大值为总下界、正向相对误差最大值为总上界,对生成的聚类中心利用等距法来确定各状态划分的临界值,至此完成马尔可夫链的状态区间划分。

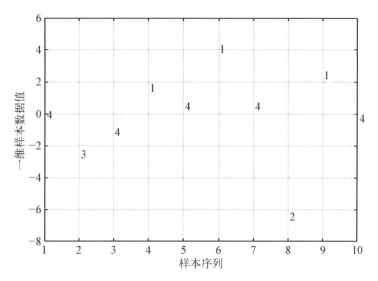

图 10 - 12　相对误差序列聚类树状图

k 均值聚类结果如表 10 - 20 所示。聚类中心为 -6.33 时样本量是 1 个,聚类中心为 -2.46 时样本量也是 1 个,聚类中心为 -0.076 时样本量是 5 个,聚类中心为 2.803 3 时样本量是 3 个。

表 10 - 20　k 均值聚类结果

类　　别	聚类中心	样本量/个
1	-6.33	1
2	-2.46	1
3	-0.076	5
4	2.803 3	3

根据表 10 - 20 中的聚类中心,采用等距法来确定各状态划分的临界值,

将表 10‐19 中的相对误差序列划分为状态 $E_i = (E_1, E_2, E_3, E_4)$，状态区间分别为 $E_1 = [-6.33, -4.395)$，$E_2 = [-4.395, -1.268)$，$E_3 = [-1.268, 1.364)$，$E_4 = [1.364, 4.11]$。根据马尔可夫链的状态区间划分范围确定相对误差所处状态，结果如表 10‐21 所示。

表 10‐21 马尔可夫链的状态区间划分范围确定的相对误差所处状态

序号	年份	原始值/m³	预测值/m³	残差/m³	相对误差	状态
1	2013	721 480 014	721 480 014	0	0	E_3
2	2014	711 910 888	729 410 195	−17 499 307	−2.46%	E_2
3	2015	761 066 860	769 439 643	−8 372 783	−1.10%	E_3
4	2016	826 829 948	811 665 876	15 164 072	1.83%	E_4
5	2017	860 028 820	856 209 451	3 819 369	0.44%	E_3
6	2018	941 927 858	903 197 541	38 730 317	4.11%	E_4
7	2019	957 399 517	952 764 301	4 635 216	0.48%	E_3
8	2020	945 228 160	1 005 051 244	−59 823 084	−6.33%	E_1
9	2021	1 087 059 082	1 060 207 653	26 851 429	2.47%	E_4
10	2022	1 116 205 608	1 118 391 002	−2 185 394	−0.20%	E_3

根据表 10‐21 中的状态，做出如下分析：状态 E_1 出现了 1 次，经过一步转移之后到达状态 E_4；状态 E_2 出现了 1 次，经过一步转移之后到达状态 E_3；状态 E_3 出现了 5 次，经过一步转移之后分别到达状态 E_1、状态 E_2 和状态 E_4；状态 E_4 出现了 3 次，经过一步转移之后都到达状态 E_3。根据表 10‐21 统计分析可得频数矩阵 $\boldsymbol{M}$，一步状态转换概率矩阵 $\boldsymbol{P}$ 及边际概率矩阵 $\boldsymbol{P}_{.j}$ 分别为

$$\boldsymbol{P} = \begin{bmatrix} 0 & 0 & 0 & 1 \\ 0 & 0 & 1 & 0 \\ \dfrac{1}{4} & \dfrac{1}{4} & 0 & \dfrac{1}{2} \\ 0 & 0 & 1 & 0 \end{bmatrix}, \quad \boldsymbol{P}_{.j} = \left(\dfrac{1}{9}, \dfrac{1}{9}, \dfrac{4}{9}, \dfrac{3}{9} \right) \qquad (10\text{-}39)$$

10.6.3 聚类马尔可夫链修正拟合值

根据表 10 - 21 中相对误差的马尔可夫链状态,令 $\hat{x}$ 为原始数据的拟合值,取所处状态的聚类中心修正灰色模型拟合值。例如,若原始数据与拟合值的相对误差所处状态为 E_1,聚类中心为 -6.33,则马尔可夫链修正的灰色拟合值 $y_1 = \dfrac{\hat{x}}{1-(-0.063\,3)}$;若原始数据与拟合值的相对误差所处状态为 E_2,聚类中心为 -2.46,则马尔可夫链修正的灰色拟合值 $y_2 = \dfrac{\hat{x}}{1-(-0.024\,6)}$;若原始数据与拟合值的相对误差所处状态为 E_3,聚类中心为 -0.076,则马尔可夫链修正的灰色拟合值 $y_3 = \dfrac{\hat{x}}{1-(-0.000\,76)}$;若原始数据与拟合值的相对误差所处状态为 E_4,聚类中心为 $2.803\,3$,则马尔可夫链修正的灰色拟合值 $y_4 = \dfrac{\hat{x}}{1-0.028\,033}$。由此可得修正后的拟合值,如表 10 - 22 所示。

表 10 - 22　聚类马尔可夫链修正拟合值

序号	年份	原始值/m³	拟合值/m³	拟合值修正/m³	相对误差修正
1	2013	721 480 014	721 480 014	720 932 106	0→0.076%
2	2014	711 910 888	729 410 195	711 897 516	−2.46%→0.001 9%
3	2015	761 066 860	769 439 643	768 855 313	−1.10%→−1.02%
4	2016	826 829 948	811 665 876	835 075 549	1.83%→−1.00%
5	2017	860 028 820	856 209 451	855 559 226	0.44%→0.52%
6	2018	941 927 858	903 197 541	929 247 126	4.11%→1.35%
7	2019	957 399 517	952 764 301	952 040 750	0.48%→0.56%
8	2020	945 228 160	1 005 051 244	945 218 888	−6.33%→0.001%
9	2021	1 087 059 082	1 060 207 653	1 090 785 647	2.47%→−0.34%
10	2022	1 116 205 608	1 118 391 002	1 117 541 670	−0.20%→−0.12%

10.6.4 模型比较

计算可得,经聚类马尔可夫链修正后模型的平均相对误差为 0.50%,精度为 99.50%，表明修正的灰色模型在拟合原始数据的过程中有很好的拟合效果，模型拟合误差由原来的 1.94% 降至 0.50%，精度提高 1.44%。图 10‑13 给出灰色模型拟合值、灰色-聚类马尔可夫链拟合值与原始数据的对比。

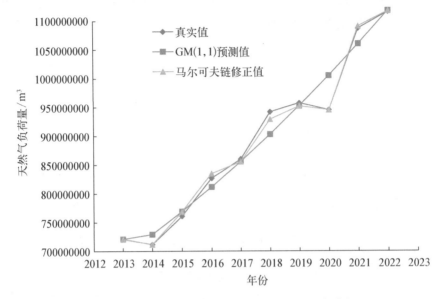

图 10‑13　不同预测模型拟合值与原始数据的对比

由图 10‑13 得，灰色-聚类马尔可夫链拟合的天然气年负荷量数据与原始数据高度重合，说明通过聚类马尔可夫链修正后的拟合值比灰色模型拟合值有更好的准确性，同时证实采用灰色-聚类马尔可夫链进行数据拟合和误差修正的可行性，可将此模型用于接下来的预测研究。

10.7　基于支持向量机的天然气日负荷量预测

现有的天然气短期负荷预测方法主要包括两种：一种是物理方法，利用天气预报的结果（如温度、湿度、风速、云量等物理信息）建立刻画天然气短期负荷的模型进行预测；另一种是统计方法，根据历史样本数据建立系统输入与输出的非线性映射关系进行预测，如小波分析模型、GM(1，1)灰色模型、BP神经网络模型、时间序列模型等。物理方法不需要大量实测的历史样本数据，但是预测误差较大；各种统计方法的共同特点是预先建立时间序列的主观预测模型，然后根据建立的主观预测模型进行计算及预测。对于绝大多数由实际测量数据组成的系统（尤其是城市天然气日负荷）来说，其外部影响条件包括天气、节假日、经济及异常情况等，都随着时间的变化而变化，不会保持恒定，这样的系统往往表现出波动性、非平稳性的特征。前人利用最小二乘支持向量机（Least Squares Support Vector Machine，LSSVM）进行天然气日负荷预测时，考虑了天气、节假日、经济及异常情况的影响，但未对天然气日负荷预测的波动性规律进行分析。是否可以考虑将小波变换和 LSSVM 这两种方法相结合并应用到天然气日负荷预测中，以提高预测精度？本节试图从这一思路着手来提高天然气日负荷预测的预测精度。

10.7.1　支持向量机

近年来，随着科学技术的发展，负荷预测方法越来越多，其中支持向量机（SVM）有着坚实的理论基础，在小样本、非线性问题上有着良好的泛化能力，因此本节选择其作为预测模型。支持向量机是一种流行的机器学习算法，主要用于分类和回归，首先由 Vapnik 和他的同事在 1992 年提出。支持向量机的主要思想是建立一个超平面作为决策曲面，使得正例和反例之间的隔离边缘被最大化。支持向量机的理论基础是统计学习理论，更准确地说是结构风险最小化的近似实现。下面对支持向量机的相关知识进行详细介绍。

1. 统计学习理论

（1）经验风险最小化原则

简单来说，机器学习是通过训练得到相关模型，并以此对待预测样本进行预测的。其得到的结果会存在一定的误差，而我们希望的是使误差尽可能地小，使预测结果尽可能地准确。因此，机器学习实质上就是找到一个最优模型（函数），使得损失函数的期望最小。损失函数的期望为

$$R(\alpha) = \int L(y, f(x, \alpha)) \mathrm{d}F(x, y) \tag{10-40}$$

式中，$L(y, f(x, \alpha))$ 为损失函数。

在实际计算中，损失函数的期望通常不能直接获得，一般采用经验风险来近似代替：

$$R_{\text{emp}}(\alpha) = \frac{1}{n} \sum_{i=1}^{n} L(y_i, f(x_i, \alpha)) \tag{10-41}$$

式中，$R_{\text{emp}}(\alpha)$ 为经验风险。

先使用经验风险来近似代替损失函数的期望，然后求得最小值的过程被称作经验风险最小化（Empirical Risk Minimization, ERM）。当样本容量很大时，经验风险最小化能够获得良好的学习效果，但是在样本容量不足的情况下，经验风险最小化的效果不能满足相关要求，往往会因为模型过于复杂而出现过拟合现象，而结构风险最小化（Structural Risk Minimization, SRM）就是为了解决这个问题所提出的策略。

（2）结构风险最小化原则

VC 维可以表示一个问题的复杂程度，问题的复杂程度与 VC 维的大小呈正相关。假定有一个样本容量为 H 的样本集，在二分类问题中，这个样本集存在着 2^H 种分类形式，若存在一个函数集，其中的函数可以将样本存在的每种情形分开，则称该函数集可以将 H 个样本打散。

统计学习理论研究分析了不同种类函数集的损失函数的期望风险与经验风险之间的关系，即泛化推广的界。在指示函数集中，期望风险 $R(\alpha)$ 与经验风险 $R_{\text{emp}}(\alpha)$ 之间的关系如下：

$$R(\alpha) \leqslant R_{\text{emp}}(\alpha) + \sqrt{\frac{h\left[\ln\left(\frac{2m}{h}\right) - \ln\left(\frac{\xi}{4}\right)\right]}{m}} = R_{\text{emp}}(\alpha) + \phi\left(\frac{h}{m}\right) \tag{10-42}$$

式中，h 为函数集的 VC 维；m 为训练样本数；$0 < \xi < 1$；$\phi\left(\frac{h}{m}\right)$ 为置信范围。

式（10-42）就是结构风险的表达式，它由两项组成：第一项是经验风险；第二项是置信范围，用来描述模型的复杂程度，模型越复杂，置信范围越大。也就是说，复杂度表示对复杂模型的惩罚，这说明结构风险是在经验风险的基础上尽可能地采用简单的模型，以此提高模型的泛化能力。

实现结构风险最小化的思路：首先将函数集构造为一个函数子集序列，使各个子集按照 VC 维的大小排列，这样同一个子集中的置信范围就相同；然后在每个子集中寻找最小经验风险，通常最小经验风险会随着子集复杂度

（VC 维）的增加而减小；最后在众多子集中综合考虑最小经验风险和置信范围，选取两者之和最小的子集，取得实际风险的最小化，即 SRM 原则。

结构风险最小化的原理如图 10 - 14 所示。

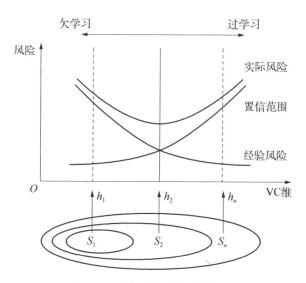

图 10 - 14 结构风险最小化原理图

2. 线性可分支持向量机

假设平面内有一组输入样本：

$$S = \{(x_i, y_i), x_i \in \mathbf{R}^n, y_i \in [-1, 1]\} \qquad (10\text{-}43)$$

有一个线性函数：

$$g(x) = \omega x + b = 0 \qquad (10\text{-}44)$$

如果线性函数 $g(x)$ 可以将平面内的样本数据 S 按类型分割开，那么称 $g(x)$ 为超平面。超平面的一侧样本标签为 1，另一侧样本标签为 -1。

如图 10 - 15 所示，其中实线代表超平面 $g(x)$，两条虚线到实线的距离相等且平行，三条线斜率相等；左上侧的"╳"代表标签为 -1 的样本；右下侧的"○"代表标签为 1 的样本。样本点 x 到超平面的投影为 x_0，ω 为垂直于超平面的向量，γ 为样本点 x 到超平面的距离，则

$$x = x_0 + \gamma \frac{\omega}{\|\omega\|} \qquad (10\text{-}45)$$

式中，$\|\omega\|$ 为向量 ω 的二阶范数。

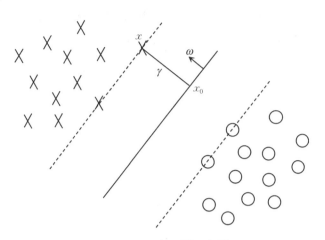

图 10 - 15　超平面示意图

因为 x_0 在超平面 $g(x)$ 上，所以有

$$g(x_0) = \omega x_0 + b = 0 \tag{10-46}$$

然后可以算出样本点 x 到超平面的距离：

$$\gamma = \frac{\omega x + b}{\|\omega\|} = \frac{g(x)}{\|\omega\|} \tag{10-47}$$

样本点 x 到超平面的几何间隔为

$$\bar{\gamma} = y\gamma = \frac{yg(x)}{\|\omega\|} \tag{10-48}$$

在所有能够将样本数据进行分类的超平面中，存在一个最优超平面，它的分类效果最好，这里将最优超平面的目标函数定义为 $\max \bar{\gamma}$。为了方便计算，令 $yg(x) = 1$，此时目标函数可以转换成 $\max \dfrac{1}{\|\omega\|}$，进一步转换成 $\min \dfrac{\|\omega\|^2}{2}$。于是，对目标函数的求解可以转换成相应的优化问题：

$$\min \frac{\|\omega\|^2}{2} + C \sum_{i=1}^{n} \xi_i \tag{10-49}$$

$$\text{s. t.} \begin{cases} y_i(\omega x_i + b) \geqslant 1 - \xi_i \\ \xi_i > 0 \end{cases} \quad i = 1, 2, \cdots, n$$

式中，C 为惩罚因子；ξ_i 为松弛因子。

为了方便优化问题的求解，引入拉格朗日系数 α，将目标函数和约束条件合为一体，得到的表达式为

$$L(\omega, b, \alpha_i) = \frac{1}{2} \parallel \omega \parallel^2 - \sum_{i=1}^{n} \alpha_i [y_i(\omega x_i + b) - 1] \qquad (10-50)$$

利用拉格朗日对偶性，将上述问题转化为

$$\max Q(\alpha) = \sum_{i=1}^{n} \alpha_i - \frac{1}{2} \sum_{i=1}^{n} \sum_{j=1}^{n} \alpha_i \alpha_j y_i y_j (x_i x_j) \qquad (10-51)$$

$$\text{s. t.} \begin{cases} \sum_{i=1}^{n} \alpha_i y_i = 0 \\ \alpha \geqslant 0 \end{cases}$$

经过计算，求得上述问题的最优解为

$$\alpha^* = (\alpha_1^*, \alpha_2^*, \cdots, \alpha_n^*)^{\mathrm{T}} \qquad (10-52)$$

超平面的最优参数为

$$\begin{cases} \omega^* = \sum_{i=1}^{n} \alpha_i^* x_i y_i \\ b^* = -\frac{1}{2} \omega^* (x_r + x_s) \end{cases} \qquad (10-53)$$

式中，x_r 和 x_s 分别为超平面两侧的支持向量。

因此，最优超平面可以表示为

$$g(x) = \mathrm{sgn} \Big[\sum_{i=1}^{n} \alpha_i^* y_i (x x_i) + b^* \Big] \qquad (10-54)$$

3. 线性不可分支持向量机

在实际应用中，样本通常无法直接使用线性函数进行分割，即线性不可分。为了解决这类问题，寻找最优超平面，于是引入核函数，将样本从低维空间映射到高维空间。使用核函数 $K(x_i, x_j)$ 来代替原超平面点的内积 (x_i, x_j)，即

$$K(x_i, x_j) = \varphi(x_i) \cdot \varphi(x_j) \qquad (10-55)$$

在将线性不可分样本映射到高维空间后,利用拉格朗日对偶性,将最优超平面的目标函数转化为

$$\max Q(\alpha) = \sum_{i=1}^{n} \alpha_i - \frac{1}{2} \sum_{i=1}^{n} \sum_{j=1}^{n} \alpha_i \alpha_j y_i y_j K(x_i x_j) \qquad (10-56)$$

$$\text{s. t.} \begin{cases} \sum_{i=1}^{n} \alpha_i y_i = 0 \\ 0 \leqslant \alpha_i \leqslant C \end{cases}$$

最终求得的最优超平面可以表示为

$$g(x) = \text{sgn}[\omega^* \varphi(x) + b^*] \qquad (10-57)$$

$$g(x) = \text{sgn}\left[\sum_{i=1}^{n} \alpha_i^* y_i \varphi(x_i) \cdot \varphi(x) + b^* \right] = \text{sgn}\left[\sum_{i=1}^{n} \alpha_i^* y_i K(x_i, x) + b^* \right]$$

$$(10-58)$$

10.7.2　支持向量回归机

支持向量回归机(Support Vector Machine For Regression,SVR)是支持向量机的一个分支,不同于求解分类问题,它的主要目的是求解最优超平面,使所有样本点到超平面的距离之和最小。

假设同一平面内有一组输入样本 $M = \{(x_i, y_i), i = 1, 2, \cdots, n\}$,其中 $x_i = (x_i^1, x_i^2, \cdots, x_i^d)^T$, $y_i \in \mathbf{R}$,则存在一个超平面:

$$f(x) = \omega \varphi(x) + b \qquad (10-59)$$

为了便于计算,假定我们能够容忍样本点到超平面的距离为 ε,即当样本点到超平面的距离小于或者等于 ε 时,损失为 0,此时损失函数为

$$L(f(x), y, \varepsilon) = \begin{cases} 0, & |y - f(x)| \leqslant \varepsilon \\ |y - f(x)| - \varepsilon, & |y - f(x)| > \varepsilon \end{cases}$$

$$(10-60)$$

为了增强模型的泛化能力,在 ε 的基础上引入松弛因子 ξ,这样就将约束范围再次扩大,即使超出 ε 的范围,在 ξ 的范围内也视为满足要求。于是,支

持向量回归机的问题转化为对以下目标函数的优化问题：

$$\min \frac{1}{2} \| \omega \|^2 + C \sum_{i=1}^{n} (\xi_i + \xi_i^*) \qquad (10-61)$$

$$\text{s.t.} \begin{cases} y_i - \omega\varphi(x_i) - b \leqslant \varepsilon + \xi_i \\ -y_i + \omega\varphi(x_i) + b \leqslant \varepsilon + \xi_i^* \\ \xi_i \geqslant 0, \ \xi_i^* \geqslant 0, \ i=1, 2, \cdots, n \end{cases}$$

式中，C 为惩罚因子，决定了对 ε 间隔带外面的样本点施加的惩罚，ε 忽略了自身间隔带以内的误差，即 ε 以内的误差视为零；ξ 为样本点到 ε 边界的距离，是施加惩罚的对象。

图 10-16 是支持向量回归机示意图，其中 $f(x)$ 为超平面函数，ε 为能够容忍的距离，也被称作不敏感损失系数，ξ_i 和 ξ_i^* 为松弛因子。

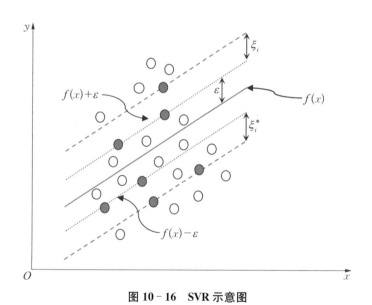

图 10-16 SVR 示意图

上面的优化问题有约束条件，不利于求取最优解，于是利用拉格朗日对偶性，将上述问题转化为

$$\max\Big[-\frac{1}{2}\sum_{i=1}^{n}\sum_{j=1}^{n}(\alpha_i - \alpha_i^*)(\alpha_j - \alpha_j^*)K(x_i, x_j) -$$

$$\varepsilon\sum_{i=1}^{n}(\alpha_i + \alpha_i^*) + \sum_{i=1}^{n}(\alpha_i - \alpha_i^*)y_i\Big] \qquad (10-62)$$

$$\text{s. t.} \begin{cases} \sum_{i=1}^{n} (\alpha_i - \alpha_i^*) = 0 \\ 0 \leqslant \alpha_i \leqslant C \\ 0 \leqslant \alpha_i^* \leqslant C \end{cases}$$

上述问题还要满足 KKT 条件,表达式如下:

$$\begin{cases} \alpha_i [f(x_i) - y_i - \varepsilon - \xi_i] = 0 \\ \alpha_i^* [y_i - f(x_i) - \varepsilon - \xi_i^*] = 0 \\ \alpha_i \alpha_i^* = 0, \ \xi_i \xi_i^* = 0 \\ \xi_i (C - \alpha_i) = 0, \ \xi_i^* (C - \alpha_i^*) = 0 \end{cases} \tag{10-63}$$

由上式可知,会出现以下三种情况:

① 若 $\alpha_i = 0$,则 $\xi_i = 0$,此时 $f(x_i) - y_i \neq \varepsilon$,表示样本点落在 ε 间隔带以内,或者距离超平面过远;

② 若 $0 < \alpha_i < C$,则 $\xi_i = 0$,此时 $f(x_i) - y_i = \varepsilon$,表示样本点正好落在 ε 间隔带边缘;

③ 若 $\alpha_i = C$,则 $\xi_i \neq 0$,此时 $f(x_i) - y_i = \varepsilon + \xi_i$,表示样本点落在 ε 间隔带外面(松弛因子允许范围)。

处于②③两种情况下的样本点,即位于间隔带边缘和外面(松弛因子允许范围)的样本点被称为支持向量,这些样本点决定了超平面函数。

由上式求解得到

$$\omega^* = \sum_{i=1}^{n} (\alpha_i - \alpha_i^*) \varphi(x_i) \tag{10-64}$$

$$b^* = \frac{1}{N_{nsv}} \left\{ \sum_{0 < \alpha_i < C} \left[y_i - \sum_{x_i \in SV} (\alpha_i - \alpha_i^*) K(x_i, x_j) - \varepsilon \right] + \right.$$

$$\left. \sum_{0 < \alpha_i < C} \left[y_i - \sum_{x_j \in SV} (\alpha_i - \alpha_i^*) K(x_i, x_j) + \varepsilon \right] \right\} \tag{10-65}$$

式中,N_{nsv} 为位于误差边界线上的样本点数目。

最终求得的最优超平面为

$$f(x) = \omega^* \varphi(x) + b^* = \sum_{i=1}^{n} (\alpha_i - \alpha_i^*) \varphi(x_i) \varphi(x) + b^*$$

$$= \sum_{i=1}^{n} (\alpha_i - \alpha_i^*) K(x_i, x) + b^* \tag{10-66}$$

10.7.3 支持向量机核函数

支持向量机在将样本从低维空间映射到高维空间时,需要用到核函数,这里介绍几个常见的核函数。

(1)线性核函数

$$K(x_i, x_j) = x_i \cdot x_j \tag{10-67}$$

线性核函数主要用于线性可分的情况,且分类效果较好。但在实际问题中,样本通常是线性不可分的,因此其应用较少。

(2)多项式核函数

$$K(x_i, x_j) = (x_i \cdot x_j + u)^v \tag{10-68}$$

式中,v 为多项式核函数的阶数。$u=0$ 时为齐次多项式核函数,$u \neq 0$ 时为非齐次多项式核函数,通常情况下 $u=1$。多项式核函数的阶数与模型的复杂程度呈正相关,当阶数较大时,虽然能够处理较为复杂的问题,但是容易出现过学习现象。

(3)Sigmoid 核函数

$$K(x_i, x_j) = \tanh[k(x_i \cdot x_j) + \theta] \tag{10-69}$$

式中,k 和 θ 为核参数,此时的支持向量机类似于人工神经网络。

(4)径向基核函数

$$K(x_i, x_j) = \exp\left(-\frac{\| x_i - x_j \|^2}{2\sigma^2}\right) \tag{10-70}$$

式中,σ 为核参数;$\| x_i - x_j \|$ 为二阶范数,表示 x_i 与 x_j 之间的距离。径向基核函数又称为高斯核函数,在处理非线性问题时有较好的效果,在电力、燃气等负荷预测中应用较为广泛。

10.7.4 径向基核函数超参数的优化

C 和 ε 需要在求解式(10-66)之前进行设置,属于超参数。针对超参数优化问题,常用的方法有随机搜索、梯度优化、网格搜索、贝叶斯优化等。贝叶斯优化与随机搜索和网格搜索相比,能取得更好的优化效果,因此本节选择贝叶斯优化进行超参数优化。

超参数优化的目标函数如式(10-71)所示,其中 z^* 为目标函数取最小值时的最优超参数值,h 为黑箱损失函数,本节中对应于回归方程预测值与实测的均方误差。

$$z^* = \underset{z \in \mathbf{Z}}{\arg\min}\, h(z) \qquad (10-71)$$

贝叶斯优化利用了贝叶斯定理,假设 z_i 为第 i 次超参数取值,$h(z_i)$ 为对应观测值,当得到累计观测值 $D_{1:t} = \{z_{1:t}, h(z_{1:t})\}$ 时,假设 h 的后验概率 $P(h \mid D_{1:t})$ 与似然函数 $L(h \mid D_{1:t})$ 和先验概率 $P(D_{1:t} \mid h)$ 的乘积成正比,即

$$P(h \mid D_{1:t}) \propto L(h \mid D_{1:t}) \cdot P(D_{1:t} \mid h) \qquad (10-72)$$

优化假定观测值可用先验函数拟合,取先验函数为高斯过程,根据高斯过程的统计特性计算后验概率,根据后验概率构建采集函数,取置信边界下限为采集函数,通过最大化采集函数寻找下一轮参数寻优的初值,循环 T 次后得到最优超参数,训练流程如图 10-17 所示。

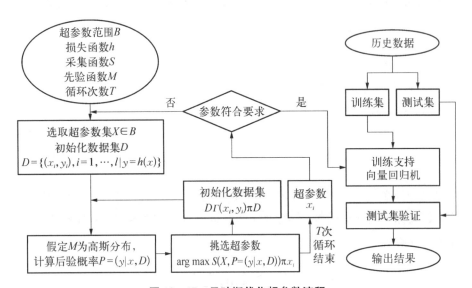

图 10-17 贝叶斯优化超参数流程

10.7.5 燃气日负荷特点

以南方某 S 市 2022 年 7 月 1—31 日的燃气日负荷数据为例,分析城市燃气日负荷特点。该城市燃气主要用于工业生产和居民生活,日负荷受自然条件和人为因素的影响。在相关性研究中,出于相关性的明显程度与数据获取

条件等原因，自然条件一般包括日期属性、天气情况、平均温度等。对于该华南城市，对数据进行相关性分析的结果如表 10－23 所示。

表 10－23　燃气日负荷与影响因素的相关性分析

关 联 因 素	相 关 系 数
燃气日负荷-日期属性	0.426
燃气日负荷-天气情况	0.225
燃气日负荷-平均温度	0.857

由表 10－23 可知，燃气日负荷与平均温度的相关性最为明显，见图 10－4 和图 10－5。由表 10－23 可见，燃气日负荷与自然条件的相关性明显。因此，以自然因素为主要影响因素，建立基于 SVM 的燃气日负荷预测模型。

10.7.6　SVM 预测模型建立

以自然因素为主要影响因素，建立基于 SVM 的城市燃气日负荷短期预测模型，其结构如图 10－18 所示。

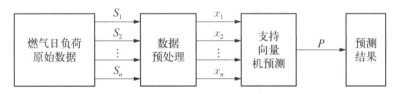

图 10－18　基于 SVM 的燃气日负荷预测模型结构图

燃气日负荷原始数据 S，经过数据预处理操作，映射为数组 X，继而通过支持向量机模型进行数据回归计算，得到预测结果 P。基于 SVM 的燃气日负荷预测模型由 MATLAB 编程实现。

10.7.7　输入向量

本节认为燃气日负荷主要受 3 个自然因素影响，即天气情况、平均温度、日期属性，这 3 个影响因素与历史燃气日负荷一起构成输入向量。一般地，历史数据主要考虑前一日和前一周对应日的影响。经实验发现，前一日和前一周对应日的数据对当日影响较大。因此，考虑当日的天气情况、平均温度、日期属性,以及前一日和前一周对应日的燃气负荷,构成具有 5 个分量的输入向量,如表 10 - 24 所示。

表 10 - 24　输入向量的 5 个分量及其物理意义

分量 ID	变　　量	物　理　意　义
1	$l(d-1)$	前一日的燃气负荷
2	$l(d-7)$	前一周对应日的燃气负荷
3	$w(d)$	当日的天气情况
4	$t(d)$	当日的平均温度
5	$d(d)$	当日的日期属性

10.7.8　数据预处理

数据预处理过程包括定性信息量化、数据规则化和分组操作等。天气情况和日期属性为定性信息,平均温度和历史燃气日负荷为定量数据,因此需要通过数据预处理将定性信息转化为定量数据。影响因子定性信息量化规则对预测结果产生一定影响。通过实验发现,当将影响因子的定性信息映射于区间[0,1]的中后段时,预测结果具有较好的准确性,具体方法如表 10 - 25 所示。

表 10 - 25　影响因子定性信息量化规则

影响因子	明　　细	规则化数值	影响因子	明　　细	规则化数值
天气情况	晴	0.4	日期属性	星期一	0.6
	多云	0.5		星期二	0.9
	阴	0.6		星期三	0.9
	小雨	0.7		星期四	0.9
	雨	0.8		星期五	0.9
	台风预警	0.9		星期六	0.7
	高温预警	0.3		星期日	0.5

<<<< 　────────────────────

经量化处理后，所有信息均转化为定量数据。对于定量数据，可进行规则化处理，将其映射到特定的数值范围；也可对不同时期的燃气日负荷根据该时期的供气特点进行分组操作，分别进行预测。在此，先将平均温度和历史燃气日负荷分别除以某个大数，使其数值均小于 1，完成对 5 类输入信息的规则化操作。

10.7.9　计算

计算过程包括两部分：模型训练和预测计算。选用径向基核函数，通过交叉验证实现误差参数 C、不敏感损失系数 ε 和径向基核函数的特征参数 γ 的优化组合。当误差的平方差的平均值 e_{MAPE} 取得最小值时，交叉验证停止，训练过程完成。经过训练后的模型即可用于下一步的数值预测。

10.7.10　结果与讨论

以南方某 S 市 2022 年 7 月 1—31 日的燃气日负荷及相关数据为算例，如表 10 - 26 所示。应用上述模型进行负荷预测，并对结果进行讨论。

表 10 - 26　具有 5 个分量的输入向量的燃气日负荷数据

日　期	前一日燃气负荷/m³	前一周对应日燃气负荷/m³	当日天气情况	当日平均温度/℃	当日日期属性	当日燃气负荷/m³
7 月 1 日	2 626 749	2 933 146	0.8	26.5	0.9	2 713 838
7 月 2 日	2 713 838	2 831 497	0.8	27.0	0.7	2 697 817
7 月 3 日	2 697 817	2 754 848	0.8	28.0	0.5	2 587 413
7 月 4 日	2 587 413	2 658 969	0.8	28.0	0.6	2 763 546
7 月 5 日	2 763 546	1 644 744	0.7	28.0	0.9	2 841 937
7 月 6 日	2 841 937	2 673 347	0.6	28.0	0.9	2 788 109
7 月 7 日	2 788 109	2 656 317	0.5	29.0	0.9	2 796 485
7 月 8 日	2 796 485	2 626 749	0.5	30.0	0.9	2 709 868

日　期	前一日燃气负荷/m³	前一周对应日燃气负荷/m³	当日天气情况	当日平均温度/℃	当日日期属性	当日燃气负荷/m³
7月9日	2 709 868	2 713 838	0.5	30.0	0.7	2 590 402
7月10日	2 590 402	2 697 817	0.4	30.5	0.5	2 448 907
7月11日	2 448 907	2 587 413	0.4	31.0	0.6	2 576 738
7月12日	2 576 738	2 763 546	0.4	30.0	0.9	2 711 998
7月13日	2 711 998	2 841 937	0.4	30.0	0.9	2 688 609
7月14日	2 688 609	2 788 109	0.5	30.5	0.9	2 666 089
7月15日	2 666 089	2 796 485	0.5	30.0	0.9	2 476 391
7月16日	2 476 391	2 709 868	0.6	30.0	0.7	2 456 620
7月17日	2 456 620	2 590 402	0.4	30.5	0.5	2 333 985
7月18日	2 333 985	2 448 907	0.4	30.5	0.6	2 550 918
7月19日	2 550 918	2 576 738	0.4	30.5	0.9	2 541 416
7月20日	2 541 416	2 711 998	0.4	30.5	0.9	2 537 715
7月21日	2 537 715	2 688 609	0.4	31.0	0.9	2 513 317
7月22日	2 513 317	2 666 089	0.4	31.5	0.9	2 475 317
7月23日	2 475 317	2 476 391	0.4	32.0	0.7	2 403 586
7月24日	2 403 586	2 456 620	0.4	32.0	0.5	2 271 233
7月25日	2 271 233	2 333 985	0.4	32.0	0.6	2 362 426
7月26日	2 362 426	2 550 918	0.5	31.5	0.9	2 417 810
7月27日	2 417 810	2 541 416	0.4	31.0	0.9	2 423 383
7月28日	2 423 383	2 537 715	0.4	31.5	0.9	2 372 315
7月29日	2 372 315	2 513 317	0.4	32.0	0.9	2 346 191

续　表

日　期	前一日燃气负荷/m³	前一周对应日燃气负荷/m³	当日天气情况	当日平均温度/℃	当日日期属性	当日燃气负荷/m³
7 月 30 日	2 346 191	2 475 317	0.5	29.0	0.7	2 316 718
7 月 31 日	2 316 718	2 403 586	0.5	31.0	0.5	2 199 937

编写 MATLAB 程序代码如下：

```
close all;
clc
clear
%下载数据
pp=xlsread('训练集.xlsx');
ppp=xlsread('预测集.xlsx');
%训练输入值
p_train=pp(:,1:end-1);
%预测输入值
p_test=ppp(:,1:end-1);
%训练输出值
t_train=pp(:,end);
%预测输出值
t_test=ppp(:,end);
%数据归一化
%输入样本归一化
[pn_train,ps1] = mapminmax(p_train');%训练输入值
pn_train = pn_train';
pn_test = mapminmax('apply',p_test',ps1);%预测输入值
pn_test = pn_test';
%输出样本归一化
[tn_train,ps2] = mapminmax(t_train');%训练输出值
tn_train =tn_train';
tn_test = mapminmax('apply',t_test',ps2);%预测输出值
tn_test = tn_test';
c= 0.1;
g=4;
%创建/训练 SVR
cmd = ['-t 2','-c ',num2str(c),'-g ',num2str(c),'-s 3 -p 0.01'];
model=svmtrain(tn_train,pn_train,cmd);
%SVR 仿真预测
[Predict_1,error_1, dec_values_1] = svmpredict(tn_train,pn_train,
model);
```

```
[Predict_2,error_2,dec_values_2] = svmpredict(tn_test,pn_test,
model);
    %反归一化
    predict_1 = mapminmax('reverse',Predict_1,ps2);
    predict_2 = mapminmax('reverse',Predict_2, ps2);
    %%%计算误差
    [len,~ ]=size(predict_2);
    error = t_test-predict_2;
    error = error';
    MAE1=sum(abs(error./t_test'))/len;
    MSE1=error* error'/len;
    RMSE1=MSE1^(1/2);
    R1 = corrcoef(t_train, predict_1);
    r1 = R1(1,2);
    R = corrcoef(t_test, predict_2);
    r = R(1,2);
    disp(['........支持向量回归误差计算................'])
    disp(['平均绝对误差 MAE 为:',num2str(MAE1)])
    disp(['均方误差 MSE 为:',num2str(MSE1)])
    disp(['均方根误差 RMSE 为:',num2str(RMSE1)])
    disp(['决定系数 R^2 为:',num2str(r)])
    figure(1)
    plot(1:length(t_test),t_test,'r-* ','LineWidth',1)
    hold on
    plot(1:length(t_test),predict_2,'b-o','LineWidth',1)
    % grid on
    legend('真实值','预测值')
    xlabel('样本编号')
    ylabel('值')
    string2={'SVM测试集的预测值与实际值对比图
';['R^2='num2str(r)];['RMSE='num2str(RMSE1)]};
    title(string2)
    optimization finished, # iter = 24
    nu = 0.804728
    obj = −1.731095, rho = −0.127023
    nSV = 28, nBSV = 24
    Mean squared error = 0.0760317 (regression)
    Squared correlation coefficient = 0.74629 (regression)
    Mean squared error = 0.0521673 (regression)
    Squared correlation coefficient = 0.586508 (regression)
    ........支持向量回归误差计算................
    平均绝对误差 MAE 为: 0.022171
    均方误差 MSE 为: 5375368093.8011
    均方根误差 RMSE 为: 73316.9018
    决定系数 R^2 为: 0.76584
```

运行程序得到拟合结果,如图 10 - 19 所示。由图可知,预测值与实际值的趋势基本一致,决定系数 R^2 为 0.766,显示了模型具备一定的准确性。

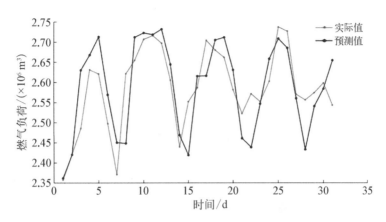

图 10 - 19　基于 SVM 的燃气日负荷的预测值与实际值对比

10.8　结　　论

城市燃气负荷预测是城市燃气输配管网规划设计的基础依据,也是确定输配设备规模的重要依据;为签订燃气供销合同提供基础资料;是城市燃气优化调度的基础;是燃气输配系统工程技术分析的基本依据;是实现燃气管网管理现代化的重要依托。本章以天然气负荷量的预测为主题,首先对各种预测技术,包括回归预测、指数平滑预测、时间序列预测、灰色预测、BP 神经网络预测、小波分析预测、支持向量机预测和组合预测等技术的原理进行了介绍,分析了影响天然气负荷量的客观因素,包括假期、气温、工作日和双休日等因素。接着基于南方某 S 市 2013—2022 年的天然气年负荷量数据,采用级比检验的方式,确定了灰色模型 GM(1,1)可用于拟合天然气负荷量数据,预测结果表明,GM(1,1)模型的最大预测误差为 6.33%。

由于 GM(1,1)模型仅对线性数据有较好的预测效果,未考虑其他外界影响因素对预测结果的影响作用,因而提出采用多维灰色模型 GM(1,N)来预测天然气负荷量。在 GM(1,N)模型中,选取对天然气负荷量预测影响较大的 6 个因素,分别是全年平均每天用电量、居民人均消费支出、居民人均可支配收入、户籍人口数、规模以上工业总产值、住宿和餐饮业增加值,作为基本参数来预测天然气年负荷量。结果发现,2016 年前的天然气年负荷量预测数据的偏差较大,与实际值相比,最大误差接近 15%,但 2016 年后的天然气年负荷量数据的预测值与实际值的偏差小于 2%。接着利用该模型对 2023—2025 年的天然气月负荷量进行了预测。为了对比 GM(1, N)模型与 GM(1, 1)模型及进一步降低 2016 年前的天然气年负荷量预测数据的偏差,采用 BP 神经网络模型,构建了天然气年负荷量与前述 6 个参数之间的关系。计算发现,与实际值相比,BP 神经网络模型的预测值的偏差小于 1%。

相对于 GM(1, 1)模型,灰色-聚类马尔可夫链模型可将天然气年负荷量预测数据的最大误差由 6.33% 降低至 1.4%。最后,采用 SVM 模型对燃气日负荷进行了预测,该模型中考虑了天气情况、平均温度、日期属性,以及前一日和前一周对应日的燃气负荷等 5 个因素作为输入向量,以一个月的数据对模型进行了训练,并利用 MATLAB 软件进行了计算。结果表明,基于 SVM 模型的预测值与实际值基本一致,决定系数 R^2 为 0.766,显示了该模型具备一定的准确性。

参考文献

［1］ 陈丽红.碳达峰与碳中和背景下工业低碳发展分析[J].资源节约与环保,2023(6):114-117.

［2］ 杨帅,寇栩铭,姜崇伟,等.资本市场支持碳达峰、碳中和的挑战和对策[J].中国投资(中英文),2023(Z5):68-71.

［3］ 项玉丽,齐宝亮.锅炉"煤改气"实施效果及影响分析[J].中国化工装备,2023,25(2):38-41.

［4］ 陈涛."煤改气"项目的主要热力系统及效益分析[J].自动化应用,2023,64(4):38-40,44.

［5］ 张娟.基于多元线性回归分析的薄储层预测技术在胜利探区的研究与应用[J].工程地球物理学报,2013,10(1):91-94.

［6］ 王锋,杨荣,黄攀,等.基于自回归模型的短期海上风电功率预测[J].机电信息,2023(12):24-27.

［7］ 高洪波,张登银.基于双参数寻优车联网交通流量指数平滑预测[J].微型电脑应用,2022,38(6):4-7.

［8］ 董鑫,周利明,刘阳春,等.基于指数平滑预测的高效变量喷灌方法[J].农业机械学报,2018,49(S1):372-378.

［9］ 李蛟,孟志强.基于时间序列算法的高校图书馆借阅数据预测及分析[J].情报科学,2022,40(11):133-138,147.

[10]　高灯,孙见君.基于灰色预测理论和最优置信限法的核主泵机械密封可靠性分析 [J].流体机械,2023,51(5)：84-91.

[11]　陈立广,杨勇.基于灰色预测的高新技术企业发展研究[J].现代工业经济和信息化, 2023,13(4)：165-167.

[12]　李国亮,张佳强,韦亮,等.基于 BP 神经网络的不同内压下连续油管疲劳寿命预测 [J].机械设计与制造工程,2023,52(4)：97-101.

[13]　吴冠朋.基于小波分析和主成分分析的人脸识别[J].智能计算机与应用,2023,13 (3)：198-201.

[14]　周文博,渠浩.基于小波分析的石油开采设备故障远程监测方法[J].化学工程与装 备,2023(2)：108-110,7.

[15]　侯泽林,姚红光,戚莹.基于支持向量机的"一带一路"航空网络的链路预测[J].物流 科技,2023,46(9)：80-84.

[16]　曾晓晴.基于支持向量机的船舶交通流量预测方法[J].舰船科学技术,2023,45(5)： 160-163.

[17]　刘金培,张了丹,朱家明,等.非结构性数据驱动的混合分解集成碳交易价格组合预 测[J].运筹与管理,2023,32(3)：149-154.

作者简介

    沈威：男，1982年4月生，博士，高级工程师，深圳市燃气集团股份有限公司高级技术专家，深圳市勘察设计行业协会专家库专家成员。2004年毕业于同济大学材料学专业，获学士学位；2009年毕业于华东理工大学应用化学专业，获博士学位，其间师从中国科学院院士田禾教授；2013年进入燃气行业，屡次在全国性燃气行业论坛优秀征文中获奖，发表论文20余篇，授权中国发明专利5项、实用新型专利10项，并作为主笔人撰写咨询研究报告多达5项。